# 「結《ゆい》農《のう》」論

小さな農家が集まって70億の企業ができた

農事組合法人「和郷園」代表理事
木内博一

亜紀書房

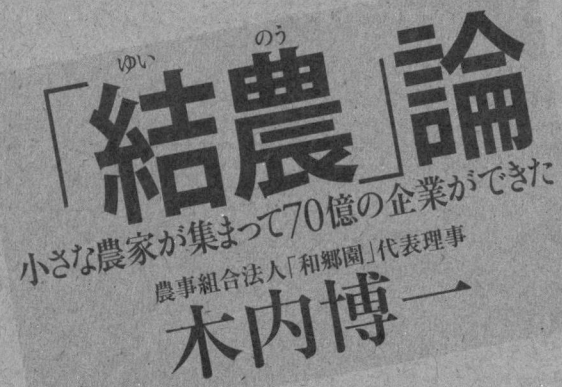

# 「結農」論

小さな農家が集まって70億の企業ができた

# 「結農」で成長する――序に替えて

おらが山に生えている葉っぱがビジネスになる、と気づき、料理に添える「つまもの」として出荷を始めた町がある。徳島県上勝町《かみかつちょう》である。葉っぱを摘み取るおばあちゃんたちは俄然元気になり、なかに1千万円を稼ぎ出すひともいるという。

私は農業はその葉っぱのようなものだと思う。

ゴボウをカットしただけで、10倍もの値段が付いたのだから、葉っぱが化けたのと変わらない。ダイコンに葉っぱを付けて1本ずつ袋に詰めただけで、すごく喜ばれた。まして、食べやすくカットして包んだら、もっと歓迎された。

夏でも旬と変わらない、おいしいホウレンソウを届けようと冷凍にしたら、農業の救世主のようにいわれだした。

すごく甘いフルーツトマト、プレミアム・フルティカを素人農家でも作れるように技術開発して、店頭に大量供給したら、農業の革命児と騒がれた。

でも、私のやったことは、ごくシンプルなことばかり。葉っぱをお金に換えたのと、さして変わらない。農業の可能性を見つめれば、自ずと気づくことばかりである。

貸し農園で農業を体験し、疲れを癒やす湯に浸かってもらう（もちろんお風呂だけも可）ザ・ファームも、農業の持っている「ケア」の部分に着目した展開である。

日本の人口減を考えれば、海外に打って出ようと考えるのも自然である。それは、日本の農業に自信があるから思いつくことで、メイド・イン・ジャパンはメイド・イン・ワールドだと思っている。

ようやく9年かけて、植物工場が本格稼働を始めた。コストが釣り合えば、砂漠の地に持って行くこともできる。

もっと糖度が高く、機能性を備えたトマトの開発も始めている。そして、それに最適な環境を作り出すことも可能である。

メガハウス（施設栽培）において、作物に適合した最適な環境を作り出すことは必須であり、そのためには、暖房より冷房が重要な時代になりつつある。我々はその課題をほぼクリアすることができた。

和郷《わごう》園は千葉県香取郡の、それぞれ独立した農家92軒の集合体である。協同で助け合えるところは手を貸し合って、お互いに自律した農家として育っていこうと始まったものである。

我々の第1ステージは、産直による契約取引など、流通に手を付けた部分である。それによって、我々の生産品の価値を上げることができた。もちろん、消費者にも、顔の見える食品を求める傾向が強くなっていたという要因がある。

第2ステージが、パッケージ、冷凍、カットなどマーケットの要請に応えて展開した部分である。日本の消費者はとても意欲的で、探究心旺盛である。つねに新しい食べ方を求めているし、食の安全や環境問題などに関しても、意識が高い。我々生産者も、それに遅れないように、つねにマーケット・インの姿勢を忘れないようにしないといけない。

本来、廃棄していたものを再利用し、肥料やエネルギーに換えるリサイクル事業も、このステージで始めている。

第3のステージは、より消費者に我々が近づいた農のサービス化の部分である。都内にアンテナショップや惣菜店を展開し、地元香取にはザ・ファームという農のテーマパークを設けた。都内の大型マンション2カ所に「ザ・ファーム・カフェ」なども出店している。WEBで野菜セットなども販売しているが、これもより消費者の近くに、という考えから始めたものである。

タイに進出したのも、まだパイロット段階だが、消費者の近くで、その土地に合ったものを生産するという適地適作の考え方から展開したものである。

第2ステージから第3ステージに移るあたりから、資金的な余裕も出てきたので、フルーツトマト、植物工場、施設栽培の高度化の研究に投資を続けている。どう間違っても、我々は生産者であり、食材製造者である、というのが核心にある。

作るなら、オンリーワンのものを目指している。未踏の地（ブルーオーシャン）に先乗りできれば、先行者利益を享受できるのと、2番手が追いつくまでの時間を稼ぐことができ、その間にまた次の段階へ突き進むことができる。

本書を「結農《ゆいのう》」と命名したわけを記していこう。

私はいつも講演などで、「農家は、隣の家に蔵が建つと、腹が立つ」と冗談をいい、結構、毎回受けがいい。もっと辛辣《しんらつ》に、「他人の不幸で夕飯を食べられるのが農家である」

ともいっている。本文でも記したことだが、農家は大局を見ずに、隣がトラクターを買えば自分も買い、ハウスを建てれば自分もそうする、といったようなコップの中の争いを続けてきた。

それは、嫉妬が元になっている。嫉妬は人間の持っている一番損な感情ではないだろうか。私の最も苦手な感情であり、いままでひとに嫉妬した記憶が余りない。自分の課題には一心に向かっていくが、ひとを意識して自分の立ち位置に悩んだことがない。

そういう考えだから、誰かを出し抜こうなどとは思わない。相手に農業の可能性を伝え、協業して新しい未来を作ったり、イノベーションを起こすことに興味がある。

ひとのものを奪うより、自分で新しいニーズを作り出すとか、魅力的なマーケットを作り出すことのほうが、格段に面白いし、性に合っている。ひとに感動を与えられるようなものができれば、商品は自然と売れていく。

その作り出したものが息長く、サスティナブルなものであるほど、達成感が深い。

その過程でさまざまなひとと企業に出会ってきている。

農業はひとの生活の根底にあるものなので、さまざまなひとと出会うのも、当然といえば当然なのである。自分の畑に閉じこもっていたのでは、本来の力を発揮できない。ほかとつながってこそ、つまり〝結農〟してこそ、我々は成長できるのである。

食べることには教育という側面もある。延々と続く文化の側面も併せ持っている。流通にも出会うし、小売りや消費者にも出会う。資本主義経済である以上、金融機関ともかかわれば、電子工学やバイオテクノロジーの関係者に会うこともある。不動産の会社と組むこともあれば、ネット通販の会社と一緒に仕事をすることもある。

それを総称して〝結農《ゆいのう》〟と呼ぶことにする。縁あって関係を結ぶのだから、〝結納《ゆいのう》〟の含みも持っている。

これからもさまざまな出会いを求め、重ねていくことだろう。

いつかトヨタやホンダの話をするように、農業のことが語られる日が来るだろうか。来るだろうと思う。

そのために我々は結農したのである。

※本書の第4章、第5章の原稿は、『農業経営者』（農業技術通信社、2008年12月号～2011年5・6月合併号）に連載したものから取捨選択し、手を入れたものである。

「結農」論＊＊＊もくじ

「結農」論＊もくじ

## 第2章　農業に「経営」という考えを入れる

## 第3章　売上高70億円への道

## 第4章 農業の可能性を最大限に広げる――和郷のビジネス戦略

# 第1章

# 農家弱者論を排す——世間の評価と実態の違い

## にわかに脚光を浴びる農業

### *東京に近いという特殊条件

千葉県は北海道に次ぐ、日本で第3位の農業県である（2013年）。年間の農業生産額は約4100億円ほどで、野菜生産県としては全国1位。とくに産出額の多いのが、ダイコン、ネギ、ホウレンソウ、ニンジン、カブである。また、特産物として知られる落花生は、産出額で全国第1位。さらには梨など果物の栽培も盛んで、酸味が少なく糖度が高い「幸水」の産出額も、全国第1位である。

東京という大都市圏が千葉県の農業の特色を決定づけている。消費量が多く、流行に敏感、食の安全への関心が強い、多様性のある嗜好――そういった目に見えない要因に引っ張られながら、千葉の農業は歴史を積んできた。

私は、1967年（昭和42年）に、この日本有数の農業県、千葉県の香取郡（現香取市）に生まれた。

千葉県の地図を見ると、右側（東側）にちょっと突き出たところが、全国屈指の漁港として知られる銚子。ここから直線距離にして西に50㎞ほどのところにあるのが、成田国際空港で知られる成田市で、この銚子と成田のあいだの地帯は、純農村地帯である。東京から車で1時間半程度の距離なのだが、ミニ北海道ともいえる農村風景が広がっており、ここで千葉県の農産物の6～7割が生産されている。

私が生まれ育ち、そして現在、代表を務める農事組合法人「和郷園」がある香取市の位置は、銚子・成田間のまさにど真ん中。私はこの地の農家の長男として生まれた。

私が自分の生い立ちを綴るのは、そこに農業をめぐるさまざまな問題が胚胎されていたと思うからである。その過程で突きつけられた問題を解くために、私は、和郷園という組織を作ったともいえる。

現在の日本の農業の課題として挙げられるのは、農業は儲からない（農家弱者論）、後継者不足、増加する耕作放棄地、ＴＰＰの脅威……、などといったものだ。

それでいながら、安倍政権は農業を成長産業（２０２０年に10兆円、現在４兆８千億円）と位置づけている。あれだけ否定的に語られてきた農業が、にわかに脚光を浴びたようなかたちになっている。実際、農業をめぐる動きには急激なものがあって、10年前と比べても、見違えるようなステージに入っている。

和郷は農業の6次化を進めているといわれるが、私の実感をいえば、和郷はもうそのステージを超えているように思うのだ。6次化というのは、生産という1次化と、製造という2次化、そして小売り・販売などの3次化を足すと6次になるというわけである。簡単にいえば、そばを育て、それをそば粉にし、そばを打って、そば屋を開けば、6次化である。

それにしても、世の中のお荷物とはいわないまでも、国の補助金で露命をつないでいるように思われていた農業が、こうまで変わってきたのはなぜなのか。もしかしたら、農業ってもっとしぶといものだったのではないか。そもそも弱者論に穴があったのではないか。

実態を知るためにも、私自身がそれほどの意欲もなくて農家を継いで、何を考えたのか、悩んだのかを述べることが、のちの叩き台になっていいだろうと思う。

## 何世代も同じ土地に

### ＊曽祖母の働き

私の家はもともとは大きな土地持ちだった。地元ではある程度、格式のある家として見られていたようだ。

私が知る範囲でいえば、木内家の人間で最も苦労したのは、曽祖母《ひいばあちゃん》ではなかったかと思う。曾祖母には兄と姉がいたが、兄は若くして他界し、姉は他家に嫁いだ。姉の結婚のあと、相次いで両親が亡くなった。そのとき曾祖母はまだ11歳。小学校6年生の女の子が家にひとり残されたのだ。

金銭的な蓄えはあったが、姉に婚家から帰ってきてもらうわけにはいかないし、かといってそちらに身を寄せては、木内家が空っぽになってしまう。結局、11歳の少女が家産を守っていくことになった。現代では絶対にありえない話である。

のちに、孫である私の父に、「木内家の気品を受け継がなければと心に誓った」と語ったという。「気品」などという言葉に私などはグッとくる。悲壮な覚悟が感じられるからだ。

よく昔の子どもは大人扱いされるのが早かったというが、それにしても11歳で独り立ちとは、大変なことである。

長じて曽祖母は、婿を迎えた。ところが、この婿があまりできがよくなく、財産を食いつぶしていく。また子どもにも恵まれず、その後、私の祖父母となる２人を養子に迎え、長男として生まれたのが私の父であった。

やがて、戦後の農地解放で木内家は「元地主」となり、その後、祖父と祖母は離婚し、祖父が家を出ていってしまう。それは昭和20年代後半の出来事である。その家庭環境から、私の父は15歳で働きはじめ、家を切り盛りしていくようになった。

ところで、私が育った地域には妙に〝格式〟を気にするところがある。それは、「＊＊家の者が結婚するならば、結婚式はこれくらいの規模でなければ」「＊＊家の法事はどこでやるようでないと」といった暗黙のプレッシャーとなって覆いかぶさってくる。こういった風潮はいまでも残っていて、そのため分不相応に見栄を張った生活をしがちなところがあった。とりわけ、元地主の家系となると、その傾向が強かった。それは家事にかかわることばかりでなく、たとえば必要以上に大きなビニールハウスを作ってしまう点などにも現れた。ひとの目、評価が気になるのだ。いいにつけ悪いにつけ、都市のように放っておいてくれない。

実は私の祖母にもその気があって、新婦を迎えたときなどは、見栄を張った気苦労から体調を崩し、入院してしまったこともある。私が生まれたのは、まさにその時期のこと。すでに曽祖父は亡くなっており、曾祖母は嫁（祖母）が病に伏せている気がかりもあっただろうが、畑仕事をする私の父母の代わりに私を育ててくれた、本当に気丈なひとだった。

物心がついたころから、寝起きはいつも曽祖母と一緒だった。欲しいものはたいてい買ってくれたことを思うと、年金も全部家族のために使っていたのではないだろうか。曽祖母というと、真っ先に4月に食べたスイカを思い出す。毎年4月になると、わざわざ鹿児島からスイカを取り寄せて、私に食べさせてくれたのだ。

千葉も有数なスイカの産地だが、当時ではさすがに4月には収穫できない。もちろん鹿児島でも4月のスイカは希少品である。まだ幼いといっても、スイカがいつの時期の作物かくらいは知っており、子どもながら、曽祖母が大切に思ってくれていることが分かった。今考えてもずいぶんと贅沢な話である。

その曽祖母が亡くなったのは、私が小学校2年生のときだ。愛するひとを亡くした痛みにうちひしがれた。しかし、曽祖母への思いがどれほど深かったのか、そして、そのありがたみを本当に知ったのは、ずいぶんあとのことである。

それは学校を卒業して、仕事として農作業を始めたすぐのことである。自分がいまこの地に立っていられるのも、曽祖母の頑張りがあったからこそ——と天啓のように思ったのだ。こういう感覚が農業者に特別なものかどうか分からないが、同じ土地を何世代にもわたって耕すことには、独特な感慨がある。

## 小学4年生でトラクターを動かす

### ＊大人と同じほどの働きをする子ども

曽祖母が他界した小学2年ごろから、私は家の仕事を手伝うようになった。実際に畑に出て、父や母と一緒に畑仕事を始めたのだ。

この時代、農家の子どもが、多少なりとも農作業を手伝うのは当たり前のことだった。といっても、たいていはお小遣い稼ぎ程度だろうが、私はかなり本格的にやっていた。その理由は、我が家に労働力が足りなかったからだ。

働き手は私の両親に祖母だけで、祖母は身体が丈夫なほうではない。日常の作業でさえネコの手も借りたいような状況で、それが収穫時期になると、目の回るような忙しさになる。学校の夏休みの日でいえば、朝4時に起きて、父の運転するトラックで市場に出かけ、そこで野菜を並べる。ひと仕事を終えて帰宅し、朝ご飯をすませると、畑に出てイモ掘りをする、といった日課だった。

当時、私の家ではサツマイモを作っていた。ご存じのようにイモにはツルがある。このツルを母が鎌で切っていくのだが、そのあとをついていってツルを片づける。そうすると、植栽のために穴が空いているビニールマルチが残り、今度はそれをはがしていく。土が剥き出しになったところで、父親がトラクターで収穫していくわけである。

こう書くと簡単そうな作業に思えるかもしれないが、イモのツルをまとめていくには体力が要るし、ビニールはがしも上手にやらないといけない。しかも大人のペースに合わせなければならないので、休むひまもない。身体で仕事のコツを覚えていった。

私は手先が器用なのだが、それは恐らく小学生のころの農作業で培われたものではないかという気がする。4年生のころには農作業用のトラクターを動かすこともあった。農家の子が父親に遊びで乗せてもらって、ちょっと運転をさせてもらうようなことはよくあることだが、私は本気でトラクターを動かしていた。

すでにそのころには大人と同じほどに働く子どもは少なくなっていた。そういう意味では、ちょっと変わった子ども時代だったかもしれない。

## 兼業農家が増えた背景

### *高度成長の恩恵

私は小学生で大人並みの仕事をしていたことに、思いの外、抵抗感がなかった。家に労働力が不足しているから、「しょうがない。やるしかない」と納得していた。

また、私の両親も、私に負い目を感じさせないよう上手に育てたのだろう。

では、一般にいう農家の「貧しさ」を感じていたかどうかといえば、否というしかない。高度経済成長の恩恵は我が家にも及び、家を新築したり、車を買い換えたりもできる――家族と一緒に働きながら、同じ達成の喜びを感じていた。

遊びたい盛りだから、本音は友達のところに駆けつけたいわけだが、生活がよくなっていくので、辛さを感じることはなかった。

これは木内家に限ったことではなく、近隣の農家はどこも似たような経験をしたのではないかと思う。むしろうちよりも、大きく右肩上がりした農家のほうが多かったのではないだろうか。

香取市は茨城県に隣接しており、利根川を渡れば、そこは鹿島臨海工業地帯である。高度経済成長の時代、川の向こうで多くの雇用が生まれた。

１９６４年（昭和39年）、巨大開発が国家プロジェクトとしてスタートした。そのスローガンは、「農工両全」、つまり農業と工業をともにまっとうにさせるというもので、目指すのは「貧困からの解放」だった。その経済効果は車で30分ほどの距離の香取地区にも及び、香取からも多くの人々が鹿島の工場に通うようになった。

父親は鹿島の工場でサラリーマンとして働き、農業はかあちゃんとおじいちゃん、おばあちゃんの三ちゃんがやっていく。こういった兼業農家が増え、専業農家よりも豊かになっていった。その構造はいまに続いているが、実は兼業農家はけっこういい生活ができるのだ。

## 旺盛な反抗心

**＊素行、極めて悪し**

とても家族思いのグッドボーイが、中学生になると、途端に家の手伝いをしなくなった。部活動で忙しくなったこともあるが、４歳年下の弟が多少なりとも家の手伝いができるようになったので、足抜けがしやすかったのだ。しかし、一番の理由は、「格好悪くてやってられるか」というものだった。

年齢からいって、何にでも反抗の気持ちが首をもたげるころである。それに、私は腕に自信があって、いつしか仲間の参謀的存在になっていった。そうなると、なおさら「格好悪くて、家の手伝いなんか」となってしまう。

素行が悪いということで、1年生の仲間と野球部をクビになった。顧問は大学を卒業したての若い先生で、こちらにも舐《な》めた感じがあったのかもしれないが、もう少し大人の対処の仕方はなかったのかと思う。

怒った先生が、相撲で勝負しようといい出し、これに私が勝ったので、火に油を注ぐかたちになって、退部となったわけである。

これでは私たちの気持ちの行き場がないので、「じゃあ、ほかのことをやろう！」ということで、柔道部を立ち上げた。ちょうど先生のなかに柔道部の必要性を感じていた方がいて、顧問になってくれた。これでめでたく柔道部に「移籍」となった。

漫画のような話だが、この柔道部があっという間に強くなり、郡大会で優勝した。練習は適当にやっている状態で、あとは遊びほうけていた。夜中になると家を抜け出し、仲間とつるむ。そんなことの繰り返しである。

## ここぞというときの集中力が違う

### ＊無謀な挑戦

そんな中学生だから、勉強もほとんどしなかった。3年生になっても、受験のことは一切頭にない。母は「せめて匝瑳《そうさ》高校に行ってほしい」といっていたのだが。

当時、私の学区で最もレベルが高かったのが、県立の佐原高校である。そして2番目が県立の匝瑳高校で、ここも進学校として知られていた。

「せめて匝瑳高校に」という母の思いには、地主の家系だから恥ずかしくないところに、というのがあったのだろうと思う。母が私に望んだのが、将来教師や公務員になること。農家を継いでほしいとはいっていなかった。

私の母が特別だったわけではない。農家の親は子どもに農業ではなく、公務員や銀行員といった堅い職業に就くことを望んでいたのだ。事実、私の中学の同級生百数名のうち、専業農家になったのは私だけである。

母の願いを耳にしても、私にはその気がまったく起きなかった。そこで、母は私の鼻先にニンジンをぶら下げた。

「もし匝瑳高校に合格したら、バイクの免許を取らせるし、買ってやる」

そのころ、私が最も興味を持っていたのがバイク――母の取引条件はかなり効いた。私はニンジン欲しさに、必死になって走りはじめた。

担任の先生はもちろん「無謀」のひと言で大反対だった。滑り止めに私立高校の受験を条件に、匝瑳高校合格を目指した。その後の6カ月間、必死で勉強した。生まれてこのかたこれほど勉強したことはない。おかげでめでたく合格。

自分にはここぞというときにものすごい集中力があるのだと知った。これは現在でも新たな事業を興すときに感じるのだが、「興味のあることには、人並み以上の集中力が出る」のが自分の強みだと思っている。一方で、興味のないことには、まったくの無反応。どんなに儲かる可能性のあるビジネスでも、興味が湧かないと手を出す気にならない。

匝瑳高校に入学して間もなく、山ほどあった高校受験の参考書を、ドラム缶に入れて燃やした。忍苦の受験時代よサヨウナラ、疾走するバイクよこんにちは、という気分で、燃えさかる炎を眺め、最高の気分だった。ところが、貰ったばかりの高校の教科書まで燃やしていたというオチがつくのだが。

## 「農家弱者論」への違和感

### *貧しさを感じたことはない

私が入学した高校は、東京大学に現役で合格する者もいる進学校なので、将来像を明確に持った人間も多かっただろうと思う。ところが私は、バイクを乗り回すことが最大の楽しみであり、仲間と「プチ暴走族」を結成して遊び回っていた。週末は合コン三昧。さらには喫煙が見つかって停学処分になるなど、相当にいい加減な生徒だった。

中学校時代と同様に、グループの中心にいたが、何も腕力や権力で君臨していたわけではなく、いわばまとめ役といったほうが合っていたかもしれない。

実は当時の同級生や後輩が、和郷園スタート時のメンバーだった。彼らは現在も和郷園の組合員であり、高校時代の名残りか、いまだに私を「王様」と呼ぶ者もいる。

これは和郷園運営の理念にもなっているのだが、中学、高校時代、グループの鉄則として、

「公平であること」

「（仲間であれ誰であれ）人を踏み台にしないこと」

「何があっても、仲間を置き去りにしないこと」

というのがあった。

彼らとの出会いは、私の人生に決定的なものだった。私にとっても、また彼らにとっても、和郷園を立ち上げるのは大きなチャレンジであり、リスクテイクだったが、志をひとつにして進むことができたのは、高校時代の鉄則が生きていたからだと思う。

ところで、このころの木内家はどういう状態だったかというと、祖母と両親でかつかつでやっていたという感じではないだろうか。想像するに、収入は４００万円ほどで、日本の農家の一般的な数字に近いものではなかったかと思う。

もちろん、これで家族５人が暮らしていくのには無理がある。トラクターの技術を持っている父親が、ほかの農家に手伝いに行って、３００万円ほどを加算して、７００万円ほ

どになる。これで家族5人が暮らすことになる。

もちろん贅沢な暮らしはできないが、田舎は物価も安ければ、自分たちの食べ物の何割かは自給できる。そう考えると、一家5人が生活していくのに十分ともいえた。

私にしても弟にしても、必要なものは両親から与えられ、「貧しさ」を感じたことはない。

友人の家と比べると、格差を感じることはあった。よその親は旅行やゴルフを楽しんでいるのに、自分の親にはそういったことはない。稼ぐに忙しくて遊んでいるひまがないという意味で、専業農家と兼業農家の差といっていいだろう。

反対にいえば、木内家より裕福な生活をしていた農家が、たくさんあったことの証でもある。

だから、のちに「農家は貧しい」「農家は弱者である」という言葉を耳にしたとき、違和感が先に立った。「農家収入400万円」にだけスポットを当てて、実態を見ていなかったからだ。

日本の農業が、いつのころからか、その農家弱者論を前提に語られるようになって、私は「それは違うのではないか」と異論を唱えるようになった。

## 消去法の選択

### ＊あとで海外移住でもしよう

高校卒業後、私は東京都多摩市にあった農水省農業者大学校に入学した。同校は地域の農業後継者育成を目的に設立された学校である。一般的な「大学」とは異なる国立の教育機関で、設立は１９６８年。のちに独立行政法人の内部組織となり、茨城県つくば市に移り、２０１１年に廃校となった。

農業学校といっても農作業はまったくなくて、座学だけのカリキュラムだった。

私の進学理由は消去法みたいなもので、農業がしたいという思いがあったわけでもないし、普通の大学で学びたいことも見当たらない。我が家の台所事情を見ても、大学に行けるほどの余裕はない。かといって就職もしたくない。そこで、授業料の安い同校へ進学したというわけである。

やがて、そこを卒業して、就農する。１９９１年（平成3年）の卒業だから、世はバブル景気で浮かれている真っ最中だった。当時、職業を差別する言葉に「３Ｋ」というのがあった。

これは「きつい」「きたない」「きけん」のアルファベット表記の頭文字から来たものだ。その代表格が土木工事だが、当時、土木作業員で月収60万円などというのはザラにあった。農業はどうだったかというと、少なくとも野菜農家にはバブルはなかったように思う。農地転用などによる不動産収入で儲けた農家はあっただろうが。

みんなが好景気に浮かれている時代には、農業が「３Ｋ」に見えたのも仕方ないかもしれない。行政や農協、そしてマスコミが「農業＝後継者不足」の危機を盛んに訴えた時期でもある。そんな時代に私は就農したのである。

卒業の際、いろいろなところから就職の誘いがあった。しかし、どこも私にはピンとこない。つまり、本気でやってみようと思えなかったのだ。

かといって、農家の長男がぶらぶらと遊んでいるようでは、いささか世間体が悪い。そこで、「親の農業でも手伝うか」という選択だったのだ。数年、手伝って、あとは海外移住でもしようかな、ぐらいの気持ちだった。

その後、幸運にも私は農業の大きな可能性を知ることになる。
それはまた、農業を一丁前のビジネスとして成立させるためのプロセスでもあったのである。

## 青色申告ができない農家

### *ビジネスとして成立しない

私が農業に進んだとき、うちは露地の畑作が中心で、確定申告は白色申告だった。現在の個人農家では青色申告が主流だが、当時は白色申告も多く、その申告のやり方は昔ながらの実に大雑把なもの。「芋類」「稲類」などといった分類で、それらをどのくらいの面積で作っているのか申告するというもの。

たとえば、＊＊類を10反（「反」とは面積の単位）作ったとしたら、「＊＊類は反当たり10万円なので、売上は10反×10万円＝１００万円」となる。このように、作物ごとに反当たりの売上額が決められていて、それを面積との掛け算で出すだけである。

これが何を意味するかといえば、多くの農家が詳細な計算が必要なほど売上が出せていなかったということである。いや、「売上」という概念さえなかったといってもいいかもしれない。なにしろ現在でも「売上」という概念を持たない農家はたくさんいる。

話を木内家に戻すと、私が継ぐことを知った近所の農家のひとが、父にこういった。

「そろそろ木内さんのところも、青色に変えてみてはどう」と。そのいい方がうちを小バカにしたようないい方だったので、父も面白くない。そこで「うちも青色にすっぺ。おまえがやれや」ということになり、私が代わりにすることになった。

すると、まず売上が700万円弱ほどあることが分かった。ここから機械代や資材、種代などの経費を差し引いていくと、収入に該当する約400万円弱が残った。両親と祖母を合わせて3人で年収400万円、つまりひとり当たり約130万円でしかない。これが「農業＝本業」の経営状態であった。

「これじゃ、まるでビジネスとして成立していない……」

この事実を知ったときに、私は「農業には未来がない」という言葉の意味を痛感した。

それでも農家が農業を続けているのは、ほかにやることがないからだ。親が子どもに継がせようとしない、農業をやらせたくないと思っている、というのは当たり前のことではないか——。

## ニンジン畑での決意

### ＊農業をひとが憧れるような仕事に

当時、父親は秋から冬にかけて近隣の商店に働きに行っていた。産地商人（産地仲買とも呼ばれる）の開く店で、ゴボウの収穫作業のオペレーターをしていた。

私が就農してから、祖母はあまり畑に出なくなった。働き手は私と両親の3人になり、父が商店で働く冬は、私と母の2人だけになった。

そんな、ある秋の日のこと。私は母と2人でニンジンの間引き作業を始めた。これがなかなか大変な作業で、腰を曲げて3本に1本くらいを抜いていく作業が、延々と続くのである。しかも母親に聞くと、ずっとこの作業をひとりでやっていたといい、私が加わったので自分の作業量が減り、足取りが軽いとうれしそうだった。

反対に私のほうは、作業を始めてすぐに10時の休憩が待ち遠しく、その休憩が終わると、今度は昼ごはんのことが、そして午後は日暮れが早く来ないかといった調子だった。

目の前に広がる1ha《ヘクタール》ほどの畑を眺めながら、「いったいいつになったら向こう側に着くのだろう」「いったい何日かければこの作業は終わるのだろう」と、そんなことばかり考えていた。

子どものころに農作業をやっていたので、好きではないにしても作業そのものには抵抗はなかった。しかし、私は職業として農業を選択した。この作業は今年だけでなくて来年も、その次の年もずっと続くのである。

頭のなかにさまざまな不安がよぎった。自分は本当に農業をやっていけるのだろうか……。結婚したとして、奥さんになるひとはこの作業をやってくれるだろうか……。年収ひとり当たり130万円程度にしかならないのに、そのひとに「一緒に作業をしてくれ」と自分はいえるだろうか……。

私は初めて現実的に自分の将来を見つめたのであり、農家として生きていくことの希望のなさに愕然としたのである。ところが畑の真ん中で大きなため息をつく私を尻目に、母はいつ終わるか先が見えない作業を黙々とこなしている。そんな母の背中を見ながら、私はつくづくと思ったものだ。

「お袋はたいしたもんだなあ……」

私は相変わらず反抗期にあって、両親や大人のいうことに対して、そっぽを向くようなところがあった。しかし職業として農業に接し、家族やひいては大人への尊敬の念を抱くようになった。

それと同時に、こんな思いを抱くようにもなった。

母のように、農村でひたむきに生きてきた女性たちがたくさんいる。畑で忙しく働き、子どもも育てる。そんな女性たちが農村を支えてきたのだ。にもかかわらず、農業は「3K」以下とまでいわれる。それに、自分自身、仕事は何かと聞かれて「農業」と胸を張っていえないではないか。

これじゃ、だめだ。農業をひとが憧れるような仕事にしなくてはならない。もっと存在価値のある、もっと事業として成り立つものにしないといけない――。私は決心をした。

「よし、だったら俺が、農業を変えてやろう」と。

# 第2章

# 農業に「経営」という考えを入れる

## 産直を始めて仕事の醍醐味を知る

### ＊明治屋とのつながり

うちは作った野菜を農協に出荷せずに、市場出荷を行っていた。朝か夕方、千葉県の茂原市にある市場に、車で1時間半ほどかけて作物を持ち込む。しかし、よく考えてみると、同じ時間で東京にも運ぶことができる。東京のほうが人口が多いのだから、いまよりもっと売れるのではないか。

「東京でうちの野菜を売ることはできないだろうか」

そんなことを考え、ひとにも話しているうちに、あるひとが東京大田区と横浜市の八百屋を紹介してくれた。そこで、仕事が終わると自分でトラックを運転して、直接、週に何度か自前の野菜を運び込むようにした。いわゆる産地直送というわけだが、産直を始めたころから、私は仕事が面白くなってきた。

私が農業者大学校の出身であることは先に触れたが、農産物の流通について、恥ずかしながらほとんど何も知らなかった。つくづく「大学で真面目に勉強しておけばよかった」と思ったものの、時すでに遅し。もはや現場で身をもって学ぶしかなかった（最近、また大学に通いはじめたが）。

ただ後継者不足という時代背景が、意外な追い風になってくれた。農家の若い倅《せがれ》が家業を継ぐのは稀なケースで、しかも、わざわざ千葉からトラックに乗って東京や横浜まで売りに来る。多くのひとたちが「いまどき珍しいな」とかわいがってくれたのだ。

流通についてもいろいろなことを教えてくれるし、たくさんの取引先を紹介してくれる。単に利益を上げるだけではなく、大事な現場の知識を身に付けることができた。

産直を開始してしばらくすると、今度はあるひとに東京の老舗高級スーパーマーケット、明治屋のバイヤーを紹介してもらった。

私たちの地元に「愛農」という、卵を生協に販売する産直組織があり、うちでは私が就農する少し前からそこにナガイモと泥ニンジンの一部を出荷していた。明治屋のバイヤーを紹介してくれたのは、愛農と取引のあった大田市場の仲卸の専務だった。

そして、明治屋のバイヤーから、有機農産物や無農薬野菜など、野菜のブランド化が進んでいることを教わった。

現在では当たり前のように、有機農産物や無農薬野菜がお店に並んでいる。また農家側にも、農薬を使った慣行栽培をするのか、無農薬栽培をするのかといった選択肢がある。

ところが1990年代の初頭は、有機農産物や無農薬野菜を作る農家は、ちょっとした変わり者として見られていた。

恥ずかしながら、私は有機、無農薬、減農薬といった言葉さえ知らなかった。

しかし、明治屋のような高級店では、時代を先取りする動きが出ていたのだ。そこで、そのバイヤーにいわれた。

「木内君。きみのところで、無農薬で何か作れないだろうか」

## なぜホウレンソウは9倍の高値で売れたのか

### ＊1時間半の魔術

バイヤーは流通のプロだが、農業については素人である。だから技術的な先入観を持たずに、消費者が求める要求を何でも生産者にぶつけてくる。

経験の浅い私は、無農薬栽培について父に相談した。すると冬場のホウレンソウとダイコンなら、うちの畑でもできるのではないかという。これは何も特別なことではない。つまり「旬のものを旬に作る」ということだからである。

当時、農業の目指すところは、旬に関係なく、いかにして安定的に生産するかということだった。「食」が贅沢になり、季節に関係なく、好きなものを好きなときに食べたいという現代人のニーズが背景にある。

そういう旬に関係ない作物を安定供給するには、化学肥料や農薬が必要不可欠である。しかし、それが行き過ぎると、反動で「無農薬野菜」が求められる。これも背景に「食の贅沢化」がある。

ともあれ、私は父に教えられたことを、そのまま明治屋のバイヤーに伝えることにした。すると「ぜひ、それを作ってほしい」という話になり、私と父は、さっそく無農薬のホウレンソウとダイコン作りに取りかかった。

冬場の12月から2月の3ヵ月間に、ホウレンソウ、ダイコンともに1日150束を週に何回か納品。それは私にとって初めての計画販売での取引だった。おまけに明治屋はともに1束180円という、びっくりするほどの高値で買い取ってくれたのである。

当時の相場でいうと、たとえばホウレンソウは1束20円や30円といったところだった。では、なぜそうも安値だったのか。

現在では様子が変わったが、当時、東京の江戸川や東京に隣接する千葉の市川、松戸といったところには、ホウレンソウやコマツナを栽培する農家がたくさんあった。そして、それらの地域の作物が都内の市場やマーケットの主流を占めていた。そのため香取地域のホウレンソウを市場出荷しても、20円、30円にしかならなかったのだ。

しかし、これが無農薬栽培でブランド化して東京に直接持ち込むと、1束180円にもなる。わずか車で1時間半という距離だが、アプローチの仕方で9倍の値で売れるわけである。

ところが農家というのは意外にそういったことに踏み込んでおらず、「20円では安くてやっていけない」と嘆き、ほかの作物を作ろうとする。自分の目でマーケットを見つめることなく、勝手に諦めてしまう。私が明治屋との取引で感じたのは、これまでの農家のやる気のなさ、進取の気性の欠如、それに付随したリアルな情報のなさである。

この年、就農2年目にして我が家の年間売上は約１４００万円を突破した。

それで実感したのは、「農業とは自分で創造していくものだ。提案していくものだ。そうすれば、もっともっと変わっていける」ということだった。

そのころから、私は農業に「経営」の概念をもっと持ち込み、さまざまなことにチャレンジしようと強く意識するようになった。そして自分が目指すべきは、「農家」ではないとも思ったのである。

「自分が目指すべきは、農業経営者だ」

そのためには勉強が必要で、私は書物、とりわけ経済書やビジネス書を読むようになった。自分のビジネスに取り込める思考法や戦略はないか、物事を動かす普遍的な原理はないか――。それこそ片っ端からむさぼり読むようになった。

## お荷物のゴボウが優等生に

### ＊「ゴボウは売れねえぞ」

いまスーパーなどで、ふつうにカットされたゴボウが売られている。なぜカットされているかというと、買って持ち帰るのに便利だからである。

この当たり前の商品が前はなかったのだ。それまではスーパーの袋から突き出るか、ボキッと折って中に収めていたのである。

うちでもゴボウをたくさん作っていたが、いつも大変な安値で買い叩かれていた。当時、埼玉産のゴボウが都市圏の需要の8割ほどのシェアを占めていたと思う。埼玉県にはゴボウを扱う問屋がたくさんあった。彼らは地元を始め全国で作付けし、場合によっては海外からも買いあさって、最終的に埼玉で加工して、「埼玉産」のブランドで市場に出していた。埼玉の問屋が圧倒的な力を持っていたのは当然である。

ところが埼玉県は東京のベッドタウンとして急速に郊外化し、畑が減ったためにゴボウの生産量が減り、問屋が千葉のゴボウまで買いにくるようになった。

しかし、値段や数量を決める契約ではなく、「今年もそちらの問屋さんに出荷してもらいますよ」といった口約束程度。ゆえに、その年の相場で安く買い叩かれてしまうのである。

カットゴボウを考案した年のゴボウの相場は、最もいいサイズのものでも1kg当たり100円、通常のもので50円ほどだった。それでは10a《アール》作付けしても、売値で15万円程度にしかならない。しかも、ゴボウはトラクターに特殊な機械をセットして抜かなければならないので、手間もかかれば費用もかかる。その収支を計算すると、ほとんど実入りがないため、ゴボウは問題児だったのである。

ところが、ある勉強会で出会った、県内で2軒のスーパーを経営する社長のひと言が大きなヒントになった。

会合のあとに、その社長が居酒屋に連れて行ってくれた。

「あんちゃんは何やってるの」

「農業やってます」

社長が親しげに話しかけてくれたので、私も遠慮なく自分がどんな野菜を作っているか話した。マーケットの近くにいるひとの意見は貴重だから、私は熱心に話を聞いた。

「へえ、ゴボウを作ってるんだ。でも、ゴボウは売れねえぞ」

「どうしてですか？」

「ゴボウは買い物袋から飛び出すから、みんな恥ずかしがるんだよ。うちのような田舎の店でも、よくレジで、ゴボウを半分に折ってくれといわれるよ」

そこでひらめいたのである。

(だったら、最初から折って売ればいいじゃないか――)

確かに、ネギやゴボウが買い物袋から顔を出しているのは、あまり格好のいいものではない。

「千葉の田舎でも恥ずかしがっているのなら、東京ではもっと恥ずかしいだろう」

そう考えた私は、まずいくつかカットゴボウのサンプルを作り、大田市場の仲卸《なかおろし》の事務所で、明治屋と紀伊國屋向けのサンプルを持ち込んで、手応えを感じた。

ところが、偶然、そこにいた神奈川生協（現ユーコープ事業連合）のバイヤーが、それ以上に興味を示して、「これはいい。うちで売れるよ」と絶賛してくれたのである。

生協のバイヤーさんによると、組合員への宅配にゴボウは人気があるという。きんぴらや煮物など使い道が豊富なので、つねに品揃えしてほしいと要望があるのだそうだ。ところが、配達に使う箱は長さ40㎝、ゴボウは曲げるなど、手間がかかってしまう。しかも、折れると、クレームをいわれる。そのため、ゴボウだけは箱に入れずに別に渡す「別配」という方法をとっているというのだ。

消費者は欲しがっている、そして生協も売りたい。ところがゴボウは扱いが面倒な厄介者。そこにカットゴボウを持ち込んだわけで、渡りに舟だったことになる。

「すぐに取引できませんか。毎週、仕入れますよ。どれくらい出せますか？」

そのころ、ホウレンソウとダイコンを入れていた明治屋と紀伊國屋の両方併せても、ホウレンソウとダイコンが1日200束程度。多くても300〜400束ほどだったので、生協はせいぜい明治屋の半分ぐらいだろうとタカをくくった。そこで、

「いくらでも出せますよ」

と答えたところ、戻ってきた言葉を聞いて驚いた。

「じゃあ、来週からすぐに出してください。週5日、1日4000パック」

つまり1週間で2万パック！　当時の我が家のビジネスサイズからいうと、それは文字

通り桁外れのとんでもない数字だった。

## 農業経営は作物を作るだけではない、という気づき

### *予想外の値段と注文数

突然の申し出なので、コストも分からず、値決めもできない。何しろその日は、自分でゴボウをカットして袋に入れてきただけだから、「いくらで売りたいか」と聞かれても適当に答えるしかなかった。そこで、明治屋にホウレンソウを1束180円で売っていたので、同じ数字を答えた。

「じゃあ、1パック180円でいかがですか」

「それでいこう」

と、話はとんとん拍子に進んだ。しかも、幸運なことに何パターンか持っていったなかで、生協が選んだのが一番量の少ない200gのタイプだった。

当時の1kg当たりの相場をカットゴボウに当てはめると、kg当たり900円、つまり市況の10倍になった。しかも加工するので、サイズが小さかったり、折れたようなB品でも売ることができる。通常、野菜をカットするとロスが出るのに、どんなに形が悪くても使えるわけだから、ロス率も限りなくゼロに近い。

その日から、家族総出でカットゴボウのパック詰めを始めた。しかし、徹夜をしても作業が終わらないので、パートさんを2人頼んで、どうにか週2万パックの出荷をこなしていった。

そのうちに、1カ月で我が家のゴボウは1本もなくなってしまったので、近所の農家に「埼玉の問屋の2倍ぐらいで買うよ」と声をかけてゴボウを集めた。父がオペレーターでゴボウ掘りができるので、買い集めて次から次に出荷をした。

ゴボウの安値に頭を抱えていたのは、ほかの農家も一緒である。それに、いくらにもならないB品も、そこそこの値段で引き取る。それぞれがカットゴボウのおかげで大きな利益を手にしただけではなく、一気に近所が一丸となった。

結果的に、その年の売上は7000万円に達し、翌年は1億円を超えた。これが私の最初の大きな成功体験である。ビジネスとしての農業の面白さを、身をもって知った。

カットゴボウは、はっきりいって、ゴボウをカットして袋詰めにしただけの商品である。しかし、それまで誰も考えつかなかった商品であることも事実。つまり、そういうちょっとした工夫が、それまでの農家には足りなかったことになる。

スーパーや生協のバイヤーは、当時、作物をカットしてパック詰めにするのは仲卸や専門業者の行う仕事で、まさか農家にできるとは思っていなかったそうだ。

カットゴボウの大ヒットで強く感じたのは、「農業経営は作物を作るだけにとどまってはいけない」ということである。農家は生産するだけでなく、流通にまで手を伸ばし、しかもできるだけ小売に近づくことで、大きな利益を生むことができる。

この件は、私にとって、「農業にはいろいろなスタイルがあっていいんだ。まだまだチャンスがある」という、最初の気づきになったのである。

## 「若い農業者を紹介してください」

## *総勢5人での出発

その後、生協から「ほかの野菜も扱いたい。若いひとたちで品質のよい野菜を作っているひとがいたら、ぜひ紹介してもらえないだろうか」と提案を受けた。

１９９０年代前半は、消費者の食に対する関心が高まった時期である。生協の組合員数も増えて、その結果、物が足りない状況になっていた。しかし、生協が農協に頼み込んでも、いい返事が貰えなかったという。

いまでは考えられないことだが、当時は農協のほうが立場が上だったのだ。生協に対して「先払いなら売ってあげる」というスタンスだった。生協は物さえあれば売れるのに、簡単に仕入れることができない状況にあったのである。

そこで、ただの農家である私がカットゴボウを成功させていると聞きつけて、各地の生協が大挙して視察に訪れたのだ。そして、我々若手農家たちとの直接取引を提案してきたわけである。

私と同年代の若い農業後継者は、バブルの全盛期に就農している。そのため、ろくな技術も身に付けていないのに、見栄を張って２０００万円ほどの借金をして、立派なハウスを建てている人間が多かった。確かに、若い農家でも高額な融資が受けられる時代だったが、あと先を考えない浅はかな選択だった。

たとえば隣町にミニトマトの一大産地があり、そこの収支コストを参考にミニトマト栽培に投資をしたひとたちがいた。ところが、同じ年に九州で大々的なミニトマト栽培が始まったため、いきなり売値が半額に落ち込んだ。見事に出鼻をくじかれ、おまけに経験が浅いものだから、その状況にうまく対処できない。結局借金の返済が滞り、みんな困っていた。

そこで、生協にミニトマトが売れるかどうか聞いてみると、「ぜひ欲しい」という返事だった。うちではミニトマトを作っていなかったので、価格の相場などは分からなかったのだが、1パック170円くらいで買ってくれるというと、みんな大喜び。なるべく減農薬栽培をしてくれれば、サイズに関係なくすべて引き取ってくれるともいった。そこから彼らも生協との取引がスタートした。

これが、私が地域の農業後継者たちとかかわりを持った最初である。

その後、匝瑳高校の同級生や後輩で農業をやっている仲間たちに声をかけたところ、4人が名乗りを挙げたので、総勢5人で産地直送の契約販売を開始した。出荷も共同で行うことになったため、和郷園の前身ともいえる組織がスタートしたわけである。

## 念願の法人化に着手

### *両親に給料を出したい

共同出荷をすることになったメンバーたちは、「農業を変えたい」という私の理念に賛同してくれた仲間たちである。

農村社会には昔ながらのさまざまなしがらみがある。何か新しいことを始める人間を、快く迎え入れてくれる環境などないといっていい。そんななか、手を挙げてくれた彼らの意気込みは本物だったし、この仲間とならば農業を変えられると確信した。当時のメンバーたちは、現在も和郷園の一員として活躍している。

私は、このタイミングで「農家」から「農業経営者」への脱皮を図るべきではないかと考えた。そこで、実家の農家を「有限会社さかき農産」として法人化した。「さかき」とは木内家の屋号である。就農して3年目、24歳のときだった。

法人化したのは、先にも述べたように、農業に経営を持ち込み、生産から流通、小売までを担うことで農業を変えたい、発展させたいという思いがあったからだ。しかし、本心をいうと、一番の動機は苦労続きの母親に給料を払ってあげたいということだった。

ニンジン畑での重労働を始め、どれだけ働いても母親が自由に使えるお金はほとんどないに等しい。小さいころ、母親に小遣いをねだると、「持って行っていいよ」と財布を差し出してくれるのだが、いつもなかには2000円程度しか入っていなかった。それでも毎日、一生懸命働いて、自分たちをここまで育ててくれたわけである。

会社の設立は、そんな母への恩返しの意味も込めていた。両親に、最低でも仕事量に見合った、さらにはこれまでの功績も考慮した給料を支払い、もちろん自分も給料を貰う。実際、十分な利益がなかったときでも、銀行からお金を借りてきて両親に給料を支払ったこともあった。

我が家は木内家の本家だったため、年次行事や親戚付き合いだけでも大変なお金が必要である。そのため、いくら両親が質素な暮らしをしていても、なかなか貯金もできなかった。母も、たまには旅行に行くなどして友達と遊びたい気持ちはあったと思う。そんなふつうの暮らしをさせたかったのである。

そして、給料以外の利益は次の成長に結びつくような、前向きな投資に積極的に使う。そういう真っ当な経営を、農業でも成り立たせたいと強く思った。

## 消費者と触れることの大切さ

### *ニーズを把握する

仲間たちの共同出荷場として、しばらく「さかき農産」の倉庫を使用していた。それぞれが収穫した作物を倉庫に集め、東京のスーパーや八百屋に直接持ち込む。荷物はメンバーが交代で運ぶという体制を築いた。

ときにはスーパーの店頭でイベントを行い、直接消費者に売り込むこともあった。当時は産直でさえ珍しい時代である。その野菜を作っている農家がわざわざやってきて、店頭で販売するなどほとんどなかったのではないだろうか。食の安全を求めている消費者にとって、生産者の顔が見えるのは何より安心である。そのためイベントはいつも大盛況だった。

ところが、消費者と直接会って話をするうちに、私はあるギャップを感じるようになった。たとえば、「少しくらい形が悪くても、美味しくて、安心して食べられる野菜が欲しい」という声がたくさんあった。スーパーのバイヤーたちも、そういう野菜が売れると話してくれる。そこで、形は悪いが味は抜群な野菜を店頭に並べてみるのだが、実際に売れていくのは形のきれいなものばかりである。

こういった経験はとても貴重だった。「安心して食べられればいい」というのは消費者の本音だが、一方で「やはり形がきれいなほうがいい」というのもまた本音なのである。

ここから学んだのは、バイヤーや消費者の意見を聞くだけではなく、実際に現場に足を運び、自分の目で確かめることの重要性である。もしも千葉から一歩も出ずに、自分の野菜がどのように売れているのか知る機会がなければ、本当にマーケットが求めているものは分からなかっただろう。

真のニーズを把握すれば、売るための戦略を練ることもできる。

たとえば、課題の「形は悪いが品質のよい野菜」であれば、「こんなに美味しい」「安心して食べられるように作りました」などと、商品にメッセージを添えるのである。私たちが毎日店頭に立つことはできないが、生産者の思いが伝わるような工夫をすることで、実際に売上も伸びていった。

## 有限会社和郷の設立

### ＊必要に迫られた出荷組合作り

やがて、我々の活動に賛同し、ともに出荷するメンバーも増えてきた。彼らはみな、私と同世代の若い人間たちで、数少ない農家の後継者だった。

取引先も生協や明治屋のほか、ダイエーやローソン、さらにはファミリーレストランなどの外食業者にも広がっていった。

メンバーが15人ほどになり、取り扱う農産物も増えていたから、共同出荷場として使用していた「さかき農産」の倉庫も手狭になった。将来的な組織拡大のためにも、より大きな出荷場を建てるなどのインフラ整備が急務だと感じるようになった。

そこで農林公庫から融資を受けようとしたのだが、これが一筋縄ではいかなかった。というのも、同公庫は農業生産に対する融資を行う金融機関である。当時、さかき農産の売上は3億5000万円だったが、生産よりも流通のほうが売上が多かったため、流通会社として分類されてしまい、融資の対象から外されてしまう可能性が高かった。

そこで、メンバーで出資して組織法人を設立しようという話が出たのだが、ここにも壁が立ちはだかった。

当時は農協に出荷する農家が圧倒的に多く、有志で出荷組合を組織している人間は少数だった。ほとんどの農家が後継者不足に悩まされていたため、農協も我々のような若い農業従事者に期待をかけてくれていたが、農協を通さず生産から出荷まですべてを自分たちで仕切るとなると、いい顔をするはずがない。

メンバーの親たちも農協との関係を大事にしていたから、我々が強引に出荷組合を作ることには難色を示した。とはいえ、ここで諦めては、せっかくの成長がストップしてしまう。何より、昔ながらのやり方を払拭しなければ農業を変えることはできない。

意を決した私は、1996年（平成8年）、農産物の流通を専門に扱う別組織として、「有限会社和郷」を設立し、流通業務をすべて移管し、さかき農産を農業生産のみを行う会社にした。そして、さかき農産を含め、メンバーたちが作った野菜はすべて和郷に出荷する体制を築いた。

これにより、さかき農産は農林金庫から融資を受けることができた。和郷の設立を機に、私はさかき農産の経営を弟に任せ、和郷の仕事に専念するようになった。

弟はそれまでサラリーマンだったが、子ども時代には畑で作業を手伝っていたし、幸いなことに両親もまだ若く、弟に農業を教えることができる環境にあったため、業務の移譲に踏み切ったのだ。

ちなみに「和郷園」の意味は「食彩の楽園」である。「和を育み、郷土を敬し、園芸を志す」から来た言葉で、そこには農業を通して地域を豊かにするという思想が組み込まれている。

# 農業が儲からない原因はひとつしかない

## *マーケット・インの考え方に目覚める

私が和郷の設立時に掲げた基本的な考え方は、「マーケットニーズを知る」ということだった。

それまでの農家は、いわれたものを作るだけで、農協や市場に出荷したら、それ以降は「我、関せず」という姿勢だった。消費者のことなど眼中になかったから、当然、市場の変化についていくことはできなかった。まして、市場を自ら作り出していくという発想もなかった。

農業者は本来自営であって、一軒一軒が独立した会社のようなものでなければならない。つまり、生産者であると同時に経営者であるべきなのに、それまで農家に経営という概念はなかったのだ。

マーケットのこと、農機や肥料のこと、すべて農協などの第三者組織に丸投げして、農家はただの生産者、労働者に成り下がってしまっていた。

高度経済成長期には、それでもよかったのである。なぜなら、需要に対して供給が圧倒的に少なかったため、とにかく作れば売れる時代だったからである。少々値段が高くても飛ぶように売れていった。これは農業界に限らず、ほかの産業でも同じ状況だったと思う。

そんな環境下で農家が何をしていたかといえば、隣の家との競争に明け暮れていたのである。隣の家よりもたくさん収穫できた、向こうが畑を広げるならうちもというふうに、視野の狭い、見栄の張り合いに終始していた。

隣家との競争に勝てば利益が得られたので、流通やその先の消費者のことなどに気を回す必要がなかった。しかし、その幸せな一時期が過ぎると、需要と供給のバランスが反転し、「作れば作るほど赤字になる」という時代がやってきた。

そこで思考停止して、農家は先に進むことを怠った。仲間内の競争から、消費者やマーケットに目を向けるべきだったのである。「そんなこと当たり前じゃないか」と思われるかもしれないが、一度いい目を見たひとや組織に、過去を離れて新しい挑戦をすることは難しいのである。厳しいいい方になるかもしれないが、ほとんどの農家が惰性で農業を続けるようになったのである。

私が就農したころは、農業界全体に本当にどうしようもないほどの閉塞感が漂っていた。その状況を覆すためにも、私はマーケットの方を向き、生産から販売までを視野に入れた組織を作りたかった。

詳しくはのちに述べるが、消費者の視点に立ち、消費者が求めているものを作り、売るという「マーケット・イン」の考え方を軸に、私は農業をビジネスとして確立していこうと考えた。

せっかく和郷を作ったのだから、「産地卸」をやろうとは思わなかったのか、と聞かれることがあるが、まったくその気はなかった。産地卸になれば、全品目の出荷をコントロールしなくてはならないし、そのためのスタッフを育てられるのかといった問題があった。だがそれよりも、我々はあくまで農業者であり、それもイノベーティブな生産者であることにこだわりかったのである。卸になって、生産者と小売りの板挟みになって、気苦労を重ねる気などなかった。

## 取引先の分散が提案力のアップへ

### ＊予想外の事故

1997年1月、重大なトラブルが発生した。生協から「リストにない農薬が検査で見つかった」と連絡があったのだ。

検出された成分は「ベノミル」で、これを含む「ベンレート」という農薬が使われたのではと疑われた。「ベンレート」は生協が〝最優先排除農薬〟にしていた農薬だった。

ところが、検査対象になった農家はベンレートは使っていないという。周囲の農家も使っておらず、飛散した可能性もなかった。

問題の農家が使っていたのは「トップジンM」だった。独自に調べてみてようやく分かった。「トップジンM」は「ベンレート」を改良した新薬だった。この2つは分子構造がそっくりだが別物で、分析機関がその情報をつかんでいなかったために起こった問題だった。

しかし、疑いは晴れたものの、取引には大きな支障を来した。原因がはっきりするまで取引は1カ月ストップ。しかも全品目の出荷が止まった。さらに悪かったのは、その生協との取引が、取引全体の40～50％を占めていたことだった。

これを機に、2つのことを決めた。ひとつは使用農薬を含めた安全管理システムの構築である。もうひとつは取引先の分散だ。

農薬の使用についてはＰＬ法（製造物責任法）対策の手法を取り入れ、病虫害発生から農家が農薬を使用するまでの流れと、そのことを事務局が取引先に連絡するまでの流れを、分かりやすくフローチャートに示した。

農薬の使用基準は3つに分類し、色分けした。天然資材は青、部会が決めた減農薬基準に沿ったものは黒、国の基準には沿っているが、部会の減農薬基準からは外れているものは赤。赤を使用した場合は、事務局が取引先に事前に連絡し、場合によっては出荷を止め、別の売り先を見つけるという調整もする。

さらに、事務局と各農家のパソコンをネットワーク化し、圃場《ほじょう》ごとの栽培状況を一括管理するシステムも稼動。専門のスタッフが付いて、土壌分析から施肥設計までを行うようにした。もちろん農薬使用も管理の対象だ。

もうひとつの対策が、販売先のチャンネルの多様化だ。1カ所との取引高を全体の20％以内に収めることを目標に、さまざまなチャンネルを開拓した。

そのひとつが、スーパーやコンビニエンスストアに商品を納入するベンダーとの取引だ。あるベンダーから頼まれたのは、カッパ巻き用のキュウリだった。「海苔の長さに合わせて、両端をカットして18㎝以上あるものが欲しい」といわれた。

卸売市場には、生食用のSサイズのキュウリの入荷量はあるものの、ベンダーが欲しがるようなLサイズは安定的に入ってこなかった。

そこで我々は、AS、AMサイズは従来通りスーパーや生協に、Lサイズや規格外は加工用にと、サイズ別の契約を結ぶようにした。

産直は規格や納入時期は予め決まっているものの、取引価格は交渉ごととはいえ、相場の影響を受けざるをえない点が難しい。とくに豊作になると取引価格は下がるし、余剰分の売り先にも困る。

その点、加工業者との取引が生まれたことで需給調整が可能になり、経営面で大きなプラスになった。

加工需要を敬遠する向きもあると思うが、取引先の要望に対応することで安定した利益を得られること、同時にそれによって生協やスーパーへの信頼度も増すことを知った。

以降、シュンギク、ニンジン、ゴボウでも同じような取り組みを始めた。

チャンネルが増えた結果、規格や包装形態も多様化した。だが、細かい作業をそれぞれの農家がやるには負担が重く、経営規模の拡大も図りにくい。

私もカットゴボウを始めたころは徹夜続きだったので、その苦労は痛いほど分かる。何とか生産者の負担を軽くし、さらにはグループ全体の経営を拡大させていく方法はないかと考えた。

そこで、組合として小分け包装管理をやるべきではないかと考えるようになり、97年の暮れからPC《パッケージ》センターの建設を始めた。

やがて、その仕事ぶりに注目してくれた生協などの取引先から、アウトソーシングとしてパッケージ業務を委託されるようになった。和郷は単なる生産者の集まりから、自ら流通を担い、さらにはこれまで農家が取り組んでこなかった新たなビジネスを展開する団体だと認識されるようになった。現在は、葉物、根菜、キュウリなどをパックする2カ所のセンターがある。

このころから、単純に包装を請け負うのではなく、センターを持っているメリットを生かし、さまざまな提案をするようになった。

たとえばパセリ。パセリの平均小売価格は98円ぐらいだ。通常、50ｇ入りで産地の出し値は約65円。でも、我々は有機や減農薬栽培でやっているので1～2割は高く買ってもらいたいところだ。

といって出し値を75円にし、流通業者がマージンを乗せると、小売価格は115円になる。98円と115円のパセリが並んでいれば、とくにパセリにこだわる消費者を除けば、98円を選んでしまうだろう。

そこで、こちらから取引先に「量目を減らしてみてはどうか」と投げかけた。つまり、市場の規格にない40ｇという規格を作って98円で売ってはどうかという提案だ。

40ｇと50ｇでは見た目はさほど変わらない。同じ値段でひとつは慣行栽培、もう一方は減農薬栽培であれば、消費者にも選択の幅が広がり、スーパーにもメリットがある。

現在、取引先は生協（全体の50％）、スーパー（同30％）、外食・ベンダー（同20％）など約50社となっている。

産直というと、とかく「中抜き」という意味がクローズアップされがちだ。しかし産直の意味はそれだけではなく、これからは産地が「食べる」ところまでかかわり、生産から消費までをコーディネートしていくようになると思っている。

1996年からは有機野菜の宅配サービスも行っている、らでぃっしゅぼーやや首都圏コープなど、次々と新たな取引先ができた。そして、その年の野菜の売上高は5億円を突破。4人の仲間たちと産直を始めてからわずか5年だったが、もはや「農業は儲からない」という既成概念は間違いでしかないと、胸を張っていえるほどになっていた。

## 約束を守れないときは生産者も謝る

### *約束を守る

和郷の業務も軌道に乗り、メンバーが約30人に達した1998年、農事組合法人「和郷園」を設立した。農事組合というのは農協法に規定された組織で、組合員は農家と決まっている。流通組織としての「和郷」を立ち上げた段階から、「いずれ出荷組合を作ろう」

と話し合っていた。

「和郷園」は、農産物の集荷および出荷を行う組合である。さかき農産を含めたメンバー農家から野菜などを集荷し、それを「和郷」へと出荷する。和郷は、契約先の生協やスーパーなどに持って行く。

農産物を生産するのはあくまでグループの個々の農家である。よく勘違いされるのだが、和郷園は独立した生産者の集合体であって、それぞれの農家は和郷園の社員ではない。和郷園という組織はあくまで独立農家のサポーターであって、農家は自分の力で成長していこうということである。

私が和郷園の基本的な理念として掲げているのが「生産者の自律」である。「自立」ではなく「自律」。この言葉には、自分たちの作った野菜が消費者に届くまで、生産した当事者として責任を持とう、という意味が込められている。そして、経営者として利益を伸ばす戦略を持ち、しっかりと経営をしていこうという想いも込められている。

いままでの農家には、経営体としての厳しさが欠けていた。たとえば、悪天候が続き収穫量が減少すると、契約を結んでいる取引先よりも高値で買ってくれるところを探し、そこに出荷するようなことをしていた。取引先には、「悪い、悪い。次は必ず出すから」といってすませていたのだ。

一方、豊作で値が下がると「農家は立場が弱い被害者だ」と、自分たちの管理の悪さは棚に上げていた。日々真剣なビジネスを展開している他産業の方には想像もできないことだろうが、そういったことが何の疑いもなく行われていた。

農業には確かに天候に左右される部分がある。しかし、契約を結んだ以上、できうるかぎり、約束を守る責任がある。

むかしと違って、いまは地域の細かい天候まで事前に分かるようになっている。気をつけていれば、竜巻のような突発的な気象以外は、ほぼ予測可能である。

翌日が雨なら、前日に多めに収穫しておくとか、段取りを考えながらやる。うちはひとを雇用してもいるので、雨だから休みましょうなどとやっていられない。

和郷園では、栽培品目ごとに生産部会を設け、取引先との契約交渉は直接、部会が行うようにしている。ものを作る人間が最終の責任も負うべきだと考えるからである。

不作などで契約が守れなかった場合、本来責任を負うのは生産者だが、あいだに卸が入ると、矛先はそこに向かう。失態を犯したら、その張本人である生産者が取引先に出向き、頭を下げるべきである。なぜなら、頭を下げた農家は、必ず意識が変わるからである。

「二度と相手に迷惑はかけられない」という思いが、彼らに栽培計画や栽培方法をきっちり見直させ、いい加減な取引をさせなくする。

和郷園のこの経営方針が、グループ農家にプロ意識を芽生えさせ、農業経営者へと成長させることに成功したと思っている。

# 第3章

# 売上高70億円への道

## 和郷は「あるべき姿」を求めてきた

### *「売り切ること」、それが課題

私が最初に求めたのは、和郷園メンバーの自律ということである。それをどう具現化するかというのが、つねに変わらぬ課題だった。

その際に、3つのことを強く意識した。

まず「結農」である。農業は単独では生きていけない。ニンジンやダイコンを作っても、流通や小売りのお世話にならなければ、消費者に届かない。

それが農家の宿命でもあるし、強みでもある。「食」を媒介にして、さまざまな分野とかかわることが可能である。その場合に心がけるのは、ウイン・ウインの関係、古いいい方でいえば「三方よし」の関係である。事業にかかわった者みんながハッピーになることが大事で、そうでなければその事業は成功しない。成功しても、一時のもので終わってしまう。

次が、「シンプルであること」である。不純であったり、複雑であったりすると、その事業はたいてい失敗する。シンプルには「あるべき姿を求める」ことも含んでいる。私は、事業であれ、組織であれ、こうあるべきだ、というのをずっと求めてきた。

最後が「夢があること」である。単なる金儲けでは、事業の先は見えている。日本の農業を変える！　日本の農業を海外に持って行く！　といい続けていれば、いつか夢物語も本当の物語に変わっていく。

農業者の自律は、家族経営から農業経営へと移行して初めて達成される。納品が遅れた、使用制限のある農薬が見つかった――その都度、機会をつかまえては、意識変革をうながした。

その根幹に据えたのは、自分で作ったものは自分で売り切る、ということである。言葉にすれば簡単だが、実践するとなれば、よほどの覚悟が要る。

まず作ったものを売り切るには、売れるものを作らなければならない。消費者の求めるものを見つけて、それに合わせて物作りをするという、他産業では当たり前のことが、農業ではまったく行われていなかった。

マーケットを見て、ものを作るようになれば、売価の設定をどうするか、というのは、非常に敏感な問題になる。もちろん、それはすぐにも原価をどうするかという問題に跳ね返る。生産工程にリスクが潜んでいれば、早めにそれを除去しておく必要もある。

ここでも、他産業では当たり前にやっていたことを、農業でもやるようになっていった。和郷園のメンバーは相当、鍛えられたと思う。

マーケット・インの意識がそれぞれのメンバーに浸透するのに、20年はかかったのではないだろうか。その結果、和郷園の農家は平均、年間5千万円ぐらいの売上を上げられるようになった。その人員構成は、家族以外に2人ぐらい正規社員を雇い、パートさんがおよそ10名いるところが多い。

その生産事業体が92軒集まったのが、農事組合法人としての和郷園である。他産業で当たり前のことを農業でもやる、と至って考えはシンプルである。

## *家で手間をかけた料理は作らない

お客さんの欲するものを見つける、と述べたが、実はそれが一番難しいのである。アンテナショップを経験して分かったことだが、ダイレクトにお客さんとかかわる部分は、本当に難しい。そのぶん、すごく刺激的である。

ミクロの世界の変化には激しいものがあるが、マクロではいくつかの要素が、しばらく続くことが予想されている。たとえば、少子高齢化、それが結果する核家族化は、２０５０年を越えてもまだ解消されることはなさそうだ。夫婦共稼ぎの流れにも、揺り戻しがあるとは思えない。

どれを取っても、家庭内で手間をかけて料理を作る、という方向に行くようには見えない。手間の部分は、ほかに代行されることになるだろう、と予測できる。我々の事業でいえば、野菜の半加工やカット野菜のニーズが伸びてきた背景に、そういうマクロの変化があるだろう。あるいは、冷凍加工、ドライ加工、惣菜加工という分野も同じく伸びていくと思われる。

## ＊シンプル、かつ強靭な組織

いま株式会社和郷で１００人弱の正規社員がいるが、創業のときの原型である和郷、つまり野菜の流通を担った部署は、４人しかいない。

ここにも時代の変化が現れている。

それと、その変化に合わせて、スマートで、強靱な組織に引き絞ってきた経緯がある。たとえば、うちは冷凍工場ひとつとっても、年商は5億円を超える。これは一個の会社の規模である。ふつうでいえば、社長、専務以下、数十人で切り盛りするところが多いのではないだろうか。

しかし、うちは工場長がひとりいて、これが製造管理責任者で、その下にラインや製品保管の責任者がいる、つまり、工場長以下社員という体制をとっている。社長も専務もいないし、経理本部長や営業本部長もいなくて、回っている。

カット野菜工場は年商12億円で、ここも工場長以下社員という構成である。

販売部は年商18億円と規模も大きいので、取締役がひとりいて、あとはシンプルな構成になっている。これはファーム事業部にしても、リサイクル事業部にしても、全部の事業であるべき姿を求めた結果である。

取締役は日常のオペレーションを行うためのヒト、モノ、カネの権限を持っている。

競争力ある生産事業体になるには、そういう変革も必要だった、ということである。

## *小さな政府で大きな事業

和郷が引き締まったボディを得るために行ったのは、次の3つのことである。

ひとつは、生産者も和郷も持続的に収益が上げられるように、中間マージンを極力小さくしたことである。

しかし、その結果、社員の雇用や成長が不安定になるようでは、単なるリストラでしかない。長期雇用を確保するというのが、2つ目に私がやったことである。

3つ目は、我々の築いた強みから生み出される競争力あるサービスを、つねにお客さんのニーズにマッチさせた、ということである。

結果、和郷は「小さな政府で大きな事業」をする組織体になったのである。

外部のヒントもいろいろ参照したが、自分の組織の強いところも弱いところも一番知っているのは自分たちである。どんな組織であれば、自分たちの長所を発揮できるのか——そこを目指して、改善を加えてきたのである。

**＊各部門がプロ**

農事組合法人は全国にいま6800強あり、そのうち単一作物を扱っているのが5600ある。これは作物アイテム数で見た場合の区別だが、うちは40アイテムのほかに、流通や加工、リサイクル、店舗などといった異なる業態も含んで、事業を拡大してきた。

本部機能がすべてを集約し、情報や戦略を共有化することによって、タテの組織に横串を通したかたちになっている。

販売部門は素材を顧客に提供する。

カット部門は素材をカットし、冷凍部門はボイルしたり、凍らせたりする。

惣菜部門は煮炊きする。

リサイクル部門は、それら全部から出てくる残渣《ざんさ》を資源に変えて循環させている。

農業でうちのように素材づくりからリサイクルまで、徹底して追求しているところはないのではないかと思う。

手前味噌といわれかねないが、各部門がますますプロとしての仕事ができるようになってきている、と私は考えている。プロというのは、競争力のある製品やサービスをつねに作り出せるということである。持続できる利益をきちんと確保できることも、プロの欠かせない条件である。

たとえば、リサイクルをやっていると公言するところは多いが、リサイクル単体で利益を出せているかといえば、私の知るかぎり、ほとんどそうはなっていない。それと比べて、和郷のリサイクル事業は、年1億円の事業規模で、持続的な収益を生み出している。それによってグループ内ばかりか、お客さんのサポートにも十分になっている、と私は考えている。

## ＊投資がものをいう世界

我々は産直などの中抜きをして名を馳せたり、農業体験と温泉の複合施設を作ったことで6次化に走っている、と見られたこともあるが、あくまで生産者のDNAに拘《こだわ》ってきたし、これからもそうしていくだろうというのは明白である。

人間には、ごく単純にいって、作るタイプと売るタイプがいて、私は圧倒的に前者である。「作る」ことが基盤にあると、事業を興すにも、燃えてくる。基本的に、作る人と売る人の二足の草鞋《わらじ》ははけないのである。

それを実感したのは、店舗事業のOTENTOをやったときである。たまたま飛び込んできた話を、ろくにマーケットリサーチもしないで受けたことが、苦労の始まりである。あとで、「慌てる乞食は貰いは少ない」の言葉をしみじみ実感したものである。

ジャンル的によく分からない分野なので、正面から人材育成できない弱さがあった。後方支援はするが、あくまで本人に育ってもらうしかないという状態だった。

結果オーライだったのは、のちにいい人材が来てくれたからで、本人にしても、こちらに彼をはめる鋳型がなかったので、かえって自由に自分のスタイルで店作りができたのではないかと思う。

石田という店長で、流通畑にいたので、彼も店舗のことは一切知らなかった。しかし、人間的な信頼の置けるひとで、一生懸命お客さんと向き合って、ひとつひとつ店舗を作り上げていった。

和郷園のメンバーに創業当時からいっていたのは、農業というのはインフラ産業だ、ということである。ものを作るための投資が命なのである。

農業は投資がその後の成長を大きく左右する分野で、それには大きなお金もかかるが、それ以上に大きな決断が要る。しかし、その投資が10年、20年と生きてくるのが、農業なのである。

だから、農産物をどれだけ高く売るとか、どれだけ稼ぐかよりも、実はカネは使い方のほうが大事だよ、と口が酸っぱくなるほどいっていた。

正直なところ、メンバーは「何を悠長なことをいっているのか」という感じだったのではないかと思う。しかし、いまになれば、その意味がはっきり分かってもらえるはずである。大きな投資をした物件が、あとになって大きな支えになっているからである。

のちに『ザ・ハウス・オブ・トヨタ』（佐藤正明著、文藝春秋）という本を読んだときに、豊田佐吉が甥の英二に同じようなことをいい遺していたことを知って、感動したことを覚えている。

この章では、事業部ごとにやっていること、やってきたことを俯瞰することで、和郷の取り組んできたことの全容が分かるのではないか、と考えている。

## 長年の信頼感がある――販売事業部

### *迫られた生販分離

販売事業部は、我々の創業の原点であり、農業者から農業経営者に和郷園を成長させた一番の核でもある。

ふつうの企業であれば、生販分離は当たり前だが、我々は作り手でもあり、売り手でもある状態をしばらく続け、取引の規模が大きくなるにつれ、双方を分離する必要に迫られた。もともと生産と販売は性質を異にするものだが、実際にやってみて、それがよく分かったという次第である。

前輪が販売事業部とすれば、後輪が和郷園で、その両輪を漕ぎながら時代に即応していく体制にしたわけである。販売事業部の扱っているアイテム数は40で、ダイコン、ホウレンソウ、ニンジン……などの素材である。

主なお客さんは、創業のころからの長い付き合いである生活協同組合、スーパーマーケット、それと外食産業という3つのジャンルにわたっている。比率でいうと生協がだいたい50%くらい、スーパーマーケットが30%くらい、外食産業が20%弱となっている。取引先は大小含め約50社。

エリアの80%以上が関東、首都圏への販売である。年間の売上で18億円程度。内匠《たくみ》専務が取締役として、責任を負っていて、その下に部長、課長、係長、主任がいる。

これが、最小限で最大限の効果を上げるための「5人組制度」である。規模の大きい事業部は5人組で、規模がそれほどでない部署は3人組編成となっている。

基本的に、和郷園の生産者の成長が、この販売部の成長と直結している。我々としては、和郷園のメンバーをどんどん増やしていくというよりは、既存のメンバーの事業体を毎年成長させることを目標としている。理想としては、生産者メンバーが毎年10%ずつぐらい成長していくことが望ましい。

もう和郷園メンバーは経営のプロだし、それぞれあうんの呼吸で動けるようになっている。おのおのが規模を拡大することによって、流通マージンを減らし、利益につなげる努力を不断に重ねている。

販売事業部は、農家サイドが作りたいものと、お客さんからの要望とのマッチングを行っている。いくら農家に意欲があっても、売り先がなければ、その意欲は空回りに終わるだけである。

では、マーケットにニーズがあると分かった場合に、どの生産者にその品目を振るか、というと、あうんの呼吸が働くことになる。我々はつねに生産者の情報を手元に置いている。Aさんは生産拡大の余裕があって、その品目も扱っていない、となると、自然とAさんに話を持ち込むことになる。

すでに生産経験のあるBさんに話を持って行くのがふつうの考えかもしれないが、畑にはローテションが必要で、同じ畑に毎年、同じものは作れないのである。土の状態をフラットにするために、作物を組み合わせるようなことをする。たとえば、ゴボウのあとにホウレンソウを作らないと、土地がもたない。そのやり方を輪作《りんさく》といっている。農業生産と工業生産の大きく違うところは、ここである。

Bさんが選考から洩れたのは、我々が彼の農地の状態を知っているからである。

あうんの呼吸とはいっても、一応、品目ごとに生産部会があるので、その部会長にお客さんのニーズは伝えるようになっている。部会全体で対応すべき規模のものは、会議を開いて、作付けをメンバーそれぞれに割り当てることもしている。

販売事業部は年によって多少のコスト交渉はあるものの、お客さんとの契約もほぼ毎年、自動更新といっていいし、出す品目、出すタイミングもほぼ慣例化している。我々も原価計算からコストを割り出してお客さんに照会しているので、そこから余り逸脱したものにはならない。

販売事業部は、売ってからタネを播《ま》く、といった手堅いビジネスをしている部署で、よほどの自然災害でもないかぎり、売上が上下することがない。それに、天候不順で収穫が早まったり、遅くなったりするぐらいは、1年でならせば、きちっと標準化されてくるものである。

予定より早めに野菜ができた場合は、どうするか。まだ注文もない状態だから、加工に回してリスクを吸収してしまう。これも長年の経験のなせるわざで、リスクが起きた場合を想定して、その対処法を考えておく必要がある。

販売事業部の強みは、生産者やお客さんと長年の信頼関係ができていることと、スタッフと生産者があうんの呼吸で動けるほどプロ意識と専門性が高まっていることである。

もちろん新たなビジネスチャンスを求めて、随時情報を収集したり、テストマーケティングを行ってつねに新しいお客さんに情報を提供したりしているが、「作れる量しか売れるものはない」わけだから、生産者とのコミュニケーションを密にしている。

## 次の時代の戦略を描く──加工事業部

### *B to C の時代へ

カット野菜工場を立ち上げたきっかけを説明しておこう。

もともとダイエーのデリカ部門に原料を販売していたのだが、ダイエー自身が事業再編を行ったりの変化があったので、こちらとしても産地で付加価値を付けて供給したほうがメリットがあると判断し、一方、ダイエーもそのほうがコストが下がる利点や、デリカの商品開発がしやすい、ということもあって、現在のかたちに落ち着いた。

もうひとつ内部事情をいえば、流通部門の「和郷」の先細りの問題があった。和郷園のメンバーが作った野菜を、農家の立場に立って、マーケットを広げる専任の組織として「和郷」があった。

しかし、どんどん「中抜き」がふつうになり、ましてインターネット通販などが拡大するようになれば、流通業の役割が低下するのは目に見えている。しかし、和郷園草創期の大事な戦力で、一緒に汗をかいた職員もいる。私は彼らの未来も作らないといけない。よって、流通にかかわるコストや人員を最小限に抑え、それをカバーするマネジメントの人材を増やし、縮小した人材のほとんどは加工事業へと移ってもらった。

我々の認識としては、いまはＢ to Ｂ用の商品展開をしているが、将来は少子高齢化や共働き、核家族世帯の増加などで、一次加工のニーズはさらに高まり、コンシューマーに直接届ける時代がやってくる、という読みがあって、このカット野菜事業に取り組んでいる。

この部署の責任者は、伊藤常務で、カット野菜事業、冷凍野菜事業、それとドライ事業の3つからなっている。ドライというのは、切り干し大根とかゴボウ茶、サツマイモの乾燥などのことである。

カット野菜の製造が年間だいたい11億円ぐらい。カット野菜事業には、製造のほかに、原料のマネジメントの問題がある。

もし某大手スーパーから、ぎょうざの具としてキャベツの千切りを通年求められたとすると、時期によって、和郷園のメンバーが作れないときがある。

たとえば、千葉では春キャベツと冬キャベツの2作である。春キャベツが供給できるのは、5月下旬から7月上旬までで、冬キャベツは11月から2月ぐらい。そのほかの空いた時期は、遠隔から原料を調達しないといけない。

その場合に、我々の工場で必要なキャベツの量に対して、調達先の量が少ない、というケースもあり、なかなかマネジメントが思い通りにいかない。そこでカット事業のなかに原料調達専門の部署を作って、対応に当たらせている。その部署が取り扱っている原料マネジメントの金額が年間7億円になる。

原料は全国から調達し、関東は和郷の工場へ運び、関西と九州にはそれぞれひとつずつ委託している別会社の工場に運んでいる。その2つの会社には、注文はうちが取るものの、発注元との取引は直にやってもらっている。

刻んだキャベツはAという発注元ばかりか、Bという発注元にも、同じぎょうざの材料として出荷する。産地にすれば、大量買い付けをしてもらえるメリットばかりか、和郷ひとつと契約をすればいいので、ワンストップの利点がある。うちも量が多くなれば、運賃コストが下がるメリットがある。

カット事業ではサツマイモ、ニンジン、ゴボウ、ジャガイモなども、この調達方式で発注元に供給している。

　カット事業は総体で18億の売上なので、５人組制度で運営して、工場長が課長を兼務している。

　カット野菜事業のメインは、惣菜用のキットである。スーパーの厨房などで惣菜を作るときに、たとえば「肉じゃがキット」であれば、ジャガイモ、ニンジン、タマネギの皮を剥いてボイルしたものに、肉と白滝とタレがセットアップされた状態でスーパーに届くわけである。タレもメーカーなどから調達して、合わせている。スーパーは手順通りに調理をすれば、惣菜ができ上がる。我々が持っているそういう料理のレシピ数は１０００にのぼる。

　これが我々の一番の財産である。先に述べたように、家族の人員が減り、共働きが増えれば、キットで購入するひとと機会が増えるのは目に見えている。生産体制はでき上がっているので、あとは家庭にどう届けるかという問題だけである。

　いずれダイコン１本、ジャガイモひと袋では売れなくなる時代がやってくる。その場合に備えて、加工物として売る戦略を描いておく必要がある。実際、介護施設やグループホームなどには、そういうかたちで供給されるようなことも始まっている。

## *事業部の徹底的見直し

当初、カット野菜事業部は年3億円の目標でスタートした。それでも高めの設定をしたつもりだったが、時代のニーズのなかで急激に成長してきたのが加工分野である。しかし、ここ最近、10%近く生産性が落ちたこともあって、全面的な事業の再構築を行った。

加工の技術や原料の歩留まりアップ、そこから出てくるロスの再利用による商品化など、随所に改善が求められるようになってきて、我々は2年ぐらいかけて、ひとつひとつを丁寧に見直してきた。工場の大幅な手入れも行った。

それとともに、原料の管理の専門家や、パートさんに作業の手順を教える技術指導の専門家などの人材育成に励んできた。

いままではニーズに追われるように成長してきたが、この間、大きな投資を行って、体質強化を図ったおかげで、一昨年あたりから、きちんと利益の出る体制ができ上がりつつある。

この事業がもっと太っていくことが予想されるので、足場を固めないまま突き進んでいくと、ものすごいリスクを抱えることになる。やっと本来のあるべき姿に近づきつつあると感じている。

## 生産者の自由度を増した――冷凍事業

### ＊機械導入に3年

冷凍事業は、生協との契約取引のなかで、生協側から提案されてスタートした事業である。我々が一番最初に手がけた加工事業でもある。

２００３年に生協の担当者から、次のような話が飛び込んできた。中国産の冷凍ホウレンソウと国内産の冷凍ホウレンソウを併売しているが、中国産は国内産より３割安く売っている。しかし、生協のお客さんには、国産のホウレンソウのほうが支持が高い、というのだ。

しかし、当時、国産で冷凍野菜を作る工場は皆無に等しく、人件費の安い中国に移っていた時代だった。

「和郷園さんでどうにかなりませんか」というわけで、暗中模索が始まった。

九州にわずかに残っている冷凍工場に視察に出かけた。いくつか回ってみて、自分たちにもできるのではないかという感触を持った。工程は、洗浄↓ブランチング（茹で）↓カット↓冷凍というシンプルなものである。洗浄に化学薬品などは使わないので安全性も確保できる。

とはいえ、消費者は冷凍野菜に対して「おいしくないのではないか」というイメージを持っている。それこそが、私たちの狙った部分だ。中国産にはコスト面で勝てない。工場の製造コストを切り詰めても限界がある。

そこで、味の違いで勝負しようと決めた。生協からは「国産なら価格が高くても売れる」といわれていたが、鵜呑《うの》みにはしなかった。同じ品質と思われては、勝てないからである。中国産と食べ比べ、誰にも違いが分かり、「これって冷凍野菜？」といってもらえるようなものにしなくてはならない。

味の違いを出すには、何より素材が決め手だと考え、土作りから始めることにした。通常の冷凍加工用に比べて肥料代など2倍近いコストをかけている。どんな品種が冷凍向きなのかも検討し、それに合わせた肥料設計もした。

最も多くの時間をかけたのは機械選びだった。世界中の工場、機械メーカーを回って、オーダーメイドのラインを導入した。それを選ぶまでに3年かかっている。

単なる「国産」からもう一歩踏み込んで、産地と生産者の顔が見え、トレースがしっかりした原料を使って、それを消費者に認知してもらえるようにすれば、勝機はあると考えた。

売り先は、生協、スーパー、外食業者で、すべて直接納入している。冷凍ホウレンソウの小売価格は２５０ｇ入りで３００円前後。中国産と比べて3割ぐらい高い。ちょうどこの商品を売り出したころ、中国産冷凍ホウレンソウの残留農薬問題があって輸入が中断したことも幸いした。

原料を提供する生産者へのメリットも大きい。反収では３ｔ《トン》穫れるように栽培技術の確立を図っている。それを工場では１kg当たり１００～１４０円で買い上げる。10ａ当たり、売上約30万円、粗利約10万円というラインを設定している。いま、青果用ホウレンソウで10万円の粗利を取るのは困難だ。

こうした価格構造で恩恵を受けるのは生産者だけではない。市場価格が跳ね上がっても、生産者が別のところに出さないので原料が確実に集められ、工場としてもメリットがある。

よくスーパーなどから「1万パック納めて」「１０００パック追加して」と簡単にいわ

れるが、収量が安定していない原料を確保して、安定供給していくビジネスは簡単ではない。しかし、我々は原料を確保しているので、取引先に確実に供給できる。

原料提供者と加工者の両方が満足する仕組みがあってこそ、互いの信頼関係が生まれ、〝結農〟が成り立つのだと思う。

いま、冷凍ホウレンソウ用に30ha作付けしている。和郷園が扱うホウレンソウの70%が冷凍用である。冷凍野菜はつねに輸入品との競争にさらされているが、我々はヤマトイモを、ニューヨークと中東諸国にも輸出している。

## ＊葉物類の難点を克服

我々は、1年を通じていろいろな作物ができる千葉の特性を生かして、単品大量生産型ではなくて、季節ごとの野菜を丁寧に扱う多品種少量の冷凍事業を始めた。ナス、ソラマメ、インゲンマメ、トウモロコシなど少量のものも、冷凍で扱っている。

当時、ホウレンソウや小松菜の葉物類は、その成長の時期と、お客さんから注文の来る時期でつねにミスマッチを起こしていた。予定した時期より1週間、2週間注文が遅れれば、ホウレンソウが大きく育ちすぎてしまう（大きいと見た目の問題と、家庭に大きな鍋が必要になる、という問題があったが、かえって味はよくなる)。また逆もあって、注文が来ても、まだホウレンソウが十分に育っていない、ということもある。葉物類は、なかなかベストタイミングを合わせるのが難しい品目である。

そこに冷凍という技術を加えると、生産者の自由度をぐっと増すことができる。大量に作付けをして、一番サイズのいいものを青果用として販売し、残りをもっと大きくして冷凍用として商品化できるようになった。

ヤマトイモのような根菜類でも、規格外の形の悪いものを冷凍用に回すことができたり、サイズの大きいゴボウやニンジンも、カット野菜に使ってはいたが、それでも市場ニーズとのミスマッチは発生するもので、その分を冷凍用にすることで、完全に使い切る体制ができ上がった(サツマイモ、ブロッコリーなども冷凍に使う)。

思い切った投資になったが、そうするだけの価値があったわけである。これも生協などとの「結農」で進んだ仕事である。

## ＊国庫助成のモデル

これは株式会社和郷としての投資なので、そのリスクを和郷園のメンバーに負わせることはなかった。一部、国庫補助も活用し、公庫を始めとする融資も受けられることが決まったので、投資に踏み込むことができた。以降、農家が加工事業を始めるのに、一部助成が出るきっかけになった案件かもしれない。

冷凍工場の売上は、5億円強。他社の冷凍工場への原料販売が1億円弱になる。当初3億円規模の売上を想定して始めた事業なので、工場の稼働能力も、そろそろキャパが一杯になりつつある。

ここ1、2年の動きを見ていても、急速に冷凍事業が伸びる可能性を感じている。それは冷凍野菜でも味は上等なんだということが認知されてきたからである。

かつて団塊の世代が新規なものを求めて、高度成長期に冷凍野菜に飛びついたことがあったが、全体に冷凍技術が未熟で、なかでも冷凍菜は顕著で、そこで負のイメージがこびりついてしまった。

しかし、この間の技術革新は目覚ましく、マイナスイメージをくつがえすほどに進展した。そのポイントは、水処理の技術が格段に上がったことである。かつては、解凍したときに水臭さがあり、それが違和感の基になっていた。うちは加工の工程で添加物は一切使わないし、素材のおいしさを生かしたままに長期保存ができる技術を確立している。

冷凍なのにおいしい、ではなく、冷凍だからおいしい。それは栄養価の高い旬の原料を冷凍にしているからである。大量に作ることができるので、コスト面でもリーズナブルである。調理をするにも簡単、便利である。

カット工場を持っている農業法人は多いかもしれないが、冷凍工場まで揃えているところは少ないのではないか。それに加えて、事業として自律ができている、という点を強調しておきたい。それは前述した販売事業であろうが、カット野菜事業ではあろうが、ことは共通である。

販売で黒字を計上しても、加工でマイナスを食って、その穴埋めをしている、というところが意外と多いように見受けられる。それでは加工を止められるかといえば、好調な販売にも影響が出て、そのロスが農家に転嫁されると、結局は離反に結びつく可能性がある。だから、ある部署を守るために他の部署のマイナスを我慢している、というケースはよく耳にする。

我々、和郷ではありえない話であるが。

もちろん事業の取っかかりの段階から自律できる事業ばかりではない。軌道に乗るまでにデコボコはあるわけだが、なるべく早い段階で自律できるように知恵と策をめぐらしてきた。

幸いにも販売、冷凍が順調に立ち上がったからこそ、カット事業も早期の立ち上げをしっかりイメージすることができたといえる。どの事業も資金的なリスクを負うことはなかったのは、その証左である。

## 野菜の可能性を使い切る――ドライ事業

### *「もったいない」の発想

和郷園は40アイテムを作っているので、すべてを何らかのかたちで商品化していきたいと考えている。たとえば、ダイコンには素材としてばかりか切り干し大根という販路がある。それにはドライ化する技術が必要になる。

あるいは、ゴボウを使ったごぼう茶なども、ドライ化でなければまかなえないものである。それは皮を使用するのだが、ひと皮めは万一どろが付いている可能性もないわけではないので捨てて、２重め、３重めを使っている。

スタートして２年の事業で、小さく始めているので、それほど慌てることはないのだが、実はいろいろな方向性が見えてきている。

我々のところではリサイクル事業として、廃食油をエネルギー化する技術が確立されている。そのエネルギーを活用して、規格外野菜などをドライ化して商品化している。

和郷が進めているエネルギー循環のループには欠かせない要素のひとつとしてドライ事業を位置づけている。

リサイクル事業に典型的かもしれないが、我々には「もったいない」のＤＮＡがきっちりとビルトインされている、と思っている。いってみればカット事業も、冷凍事業も、効率性を求めたものではあるが、一方でそれはせっかく農家が育てたものを使い切らないと「もったいない」と思うからで、このドライ事業にもそれが現れている。

## 2つながらのイノベーション――リサイクル事業

### *パッケージセンター設立がきっかけ

リサイクルはもともと、野菜の袋詰めのＰＣセンターを設立したことに端を発している。

初期のころは和郷園のメンバーはどこも産直契約をやったことがなくて、ほとんど市場出荷の農家だった。契約販売と市場出荷の違いは、商品をどういう姿で出すか、という問題でもある。

たとえば、市場出荷のキュウリの場合は、５kg箱にMサイズ、Lサイズに選別したものを50本入れて出荷する。産直出荷となると、２本パックや3本パックに小分けしないといけない。我々は市場出荷しかしたことがなかったので、それをやる場所も、パートさんも抱えていなかった。

それで、ＰＣセンターを作ることで、パッケージや小分けをする体制を作り、農家の手助けを考えた。しかし、千葉は冬野菜の産地だから、夏に品薄になる。ということは、PCセンターの職員やパートさんの年間稼働ができない、ということだ。

反対に、長野などの高原地帯では夏場に野菜ができる。しかし、現地の農家も市場出荷しかしていなかったので、段ボールにキャベツやレタスを詰め込むことはできても、外葉を取り、尻をカットして、ひとつずつラップしてパッケージすることはやっていなかった。季節となれば、目の回る忙しさで、収穫以外に手を回す余裕がない。

ということで、生協は野菜の調達ができずにいた。仕方なく市場出荷されたものをパッケージ化してもらっていたが、それでは鮮度が落ちるし、直接生産者と契約することが難しい。それで朝、現地で穫れたものを昼前には和郷のPCセンターに持ち込むので、あとのパッケージ化を受け入れてくれないか、という話になった。

こちらとしても1年を通して仕事が平準化し、雇用の確保もできるので、渡りに船の話だった。

## *コストが安く、熟成した堆肥が欲しい

ラッピングでは1個当たり、たとえば15円とか20円の手間賃を貰うわけだが、そのとき

に取り除く外葉は厳密にいえば産業廃棄物である。それが毎日、1tという単位で発生してくる。

我々は農家だから、畑に穴でも掘って埋めておけば肥料になるわけだが、1パック15円とか20円貰って仕事をしている以上、適性に処理する必要がある。

長い目で見た場合に、社会的に整合性のあるものにしておかないといけない、ということで、外葉をリサイクルする仕組みを考えようということになった。

もう一方で、当時、和郷園の農家に熟成した堆肥を供給するスキームが求められていた。近隣の農家から、堆肥は作れるのだが、もうひと手間加えて熟成させて、いい堆肥を作ろうとするとコストがかかりすぎる、という課題が出されていた。

廃棄物を処理業者に出すと、kg当たり20円、30円かかり、1tだと3万円のコストがかかっていた。としたら、その費用を熟成肥料の作成のためのオペレーションに回し、捨てていた外葉を材料に使えば、一挙に問題が解決する。

堆肥というのは田植え機やコンバインと同じで、12カ月毎月使うものではない。たとえば4月とか9月に畑に入れるもので、そのために堆肥場を持って、堆肥をかき回すローダーとか、畑に撒く散布機などを個々に揃えたら、ロスが大きい。40アイテムもあれば、農家によって堆肥を必要とするタイミングも微妙に違ってくる。としたら、みんなで堆肥センターを持って、それを一元製造して、一元供給したほうが、圧倒的に投資効率がいいし、オペレーション効率も上がる。

植物性の残渣だから、動物性に比べれば発酵は簡単だが、いってみればゴミである。毎日、均一のものが出てくるわけではない。畑に害のあることはできないわけで、標準化した堆肥を作る技術の確立にものすごく時間がかかった。

知らないひとは技術の開発を簡単に考えがちだが、画期的な技術は8割方ができてからのラストワンマイルが難しいのである。

これはプレミアム・フルティカや大型冷暖房ハウス、そして植物工場などの開発でも味わったことだが、そこの苦労した部分が、ほかが真似のできない部分になってくる。

## ＊完成形までに10年の歳月

その後、旧山田町がバイオマスタウン構想というのを打ち出した。国のバイオマスの実証型実験プラント導入に町として手を挙げて、そのプラントの管理と受託を我々が請け負ったのである。

もっとクオリティの高い液体肥料や、本当に農家に価値のある肥料製造の技術開発を目指して、6年間の実証実験を繰り返してきた。

その間に、食品リサイクル法が施行されて、スーパーなどのお客さんからも残渣のリサイクルの必要性がいわれるようになったが、それの受け皿がなかった。我々は自らリサイクルのシステムを作り、国の実証実験に専門的なスタッフも配置するなど、実績を積み上げてきたこともあって、その受け皿となることができた。

廃棄物はお客さんからすれば〝コスト〟である。ゆえに、私が拘《こだわ》ったのは、持続的に廃棄物をリサイクルするには、従来のコストのなかに収まらなければ、普及しないということである。たいていの人はここを見落とすから、事業がうまくいかないのである。しかし、見落とす気持ちもよく分かる。そこに踏み出せば、苦難が待っているからである。

従来、リサイクルには廃棄処理の2倍以上のコストがかかっていた。質のいい堆肥を作る技術革新と、コストでのイノベーションの両方を追求したために、完成形に至るのに10年はかかっている。従来の生ゴミを処理するコストで、うちは100%のリサイクルを達成している。

現在では、その液肥料を作るプラントも、ほぼキャパ一杯に稼働している。そもそも廃棄物処理に専念した会社ではないので、これ以上の拡大はいまのところ考えていない。しかし、私たちが培ってきたものを外に持ち出して、コンサルを請け負うかたちで、ほかに移植していく、ということも考えている。しかし、これはすでにリサイクル事業の枠を超えているので、あとで触れるナレッジバンク（和郷総研）の案件へと引き継がれている。

自らの最適化を求めてやってきたことを、自分たちだけが使って終わらせるのではもったいない。それを外部にもソリューションとして打ち出していこう、というのもナレッジバンクのひとつのあり方である。これについては、またあとで触れることにしたい。

## 都市農村交流を仕掛ける――ザ・ファーム事業部

### *初めてのサービス業

我々がいわばＢ to Ｃの事業に乗り出したとっかかりが「風土村」である。レストランのある「道の駅」と思ってもらえばいい。そもそものきっかけは、地域の高齢農家の方々が、生産品を地方の市場に持って行く体力がない。もうひとつ、地方の市場に持って行っても、野菜の評価がきちんとされない、ということがあった。

当時、和郷がいろいろなお客さんに野菜を売っているということが知れ渡っていたので、地元の高齢者の方々が野菜を買ってくれないか、と申し入れてきた。我々は、つねにトレーサビリティや情報管理を徹底し、約束したものはきちんと出すなど、高齢者の方ができないレベルのことをやっていたので、お断りをするしかなかった。

しかし、彼らも自分たちの作ったものを売る場がないと生活ができない、ということで、旧山田町と相談して、「道の駅」を作ろう、ということになった。そこに高齢者の方々が作った野菜を出してもらって、体が元気なうちは地元の経済を支えてもらう、という仕組みにした。

最初、地元の農業者4人と和郷園のメンバー3人でスタートした。我々もこのジャンルに関してはまったくの手探りで、当初は、コンサルのいうがままに店舗を作って、オペレーションをした。ところが、1年も経たずに3000万円以上の赤字を作り、せっかく集まったメンバーがぎくしゃくしはじめ、ひとりが抜けていった。

私は冷凍工場の立ち上げに注力をしていた時期で、協業の案件より自社の案件に時間を割くことが多かった。幸いにも冷凍工場が順調に動きだしたと思ったら、今度は風土村が困難な時期を迎えていた、というわけである。

## *いきなり黒字に転換

プランの練り直しに半年かけたが、その間毎朝7時には朝礼をやり、毎日店にやってくるお客さんを見て、アイデアを絞り、プランを組み立てた。そして、コンサルがやっていたのとは真逆のことをやりはじめた。

コンサルは、田舎らしさにポイントを置いて品揃えからオペレーションまでやっていた。ターゲットはあくまでそういうローカルな雰囲気を好む都会の人という想定だった。

確かにそういうお客さんがいないわけではないが、それはほとんど事業の収益には結びつかない。場所柄、むしろ地域の人たちをお客さんとして定着させるような、そういうビジネス戦略に変えないとだめだと提案した。

いってみれば、地域の人が主役である。そして、地域の人が行きたくなるお店にする必要がある。

たとえば、田舎には惣菜の充実しているところがない。デパ地下などによくあるオシャレな惣菜売場のローカルバージョンで、ショーケースに惣菜や揚げ物をふんだんに並べて、ときに量り売りするようなパフォーマンスもやった。

それと、地域には昼に女性が入りやすいお店が少ない。魚屋とか定食屋ばかりなので、女性が子ども連れでゆったりと食事ができるような空間作りを考えた。あるいは、女性同士の待ち合わせの場所として使い、ついでに食事もそこですませてしまい、帰りにはおみやげも買っていくイメージを考えた。

もうひとつ、クリアすべき大きな問題があった。風土村のレストランは11時から14までがバイキングの時間で、終わりの時間が近づくと料理がスカスカで、お客さんは13時にはもう選択肢が少ない、ということで、自然と客足が遠のいていた。

しかし、ぎりぎりまで料理を補充していれば、ロスが大きくなる。ここをイノベーションしなければならない。ということで、バイキングで残ったものを厨房で小分けして、15時には惣菜として売るようにした。これでロスが怖くなくなった。もちろん惣菜販売の資格を取得した。

農家の女性は働き者が多いので、料理を手作りしている時間がない。農村地帯は家族構成も多いので、女性の負担もそれに比例する。だから、惣菜のニーズはあると踏んだのである。

一度はバイキングに並んだものなので、価格競争力のある値段設定ができる。惣菜の売り出し時間である15時を目指してやってくるひとが増えた。

それと我々は野菜が売り物なので、どこよりも品揃えの多いサラダバーを作ったのも、人気の一因である。

風土村のバイキングが人気になったのは、いつ行っても食べ物が豊富にあるからである。営業時間中であれば、いつでも安心してやってこられるようになった。これで、どっと客を引き戻したのである。

これらの改革で、いきなり黒字に転換した。

それまで月商６００万円しか売れなかったものが、新たな増築などの投資やオペレーションの変更で月商３０００万円になった。スタートした1期、２期は赤字だったが、３期以降12期（今期）まで増収、増益である。

せっかく成功しているのに、なぜもっと数を増やさないのか、と聞かれることがあるが、それもナレッジバンクが引き継ぐ仕事だと思っている。

## *テーマは都市農村交流

２０１０年、千葉県香取市への３町の合併と、地元で愛されてきた温泉の廃業の２つがきっかけとなって、いまの地に「農園リゾート　ザ・ファーム」を開設した。その統轄のザ・ファーム事業部の責任者は武田常務である。

ザ・ファームの中身は６つに分かれていて、貸し農園、カフェ、かりんの湯、コテージ、バーベキュー、企業研修などの行える複合施設である。年間15万人の利用客があり、近畿ツーリストのクラブツーリズムなどから、夏場の６月だけでもツアー便を15回運行する企画がある。

貸し農園は当初、５坪タイプが２５０区画、10坪タイプが２５０区画で始めたが、いまは5坪の個人区画は１００に限り、あとは法人貸出にしている。

貸し農園と聞いてふつうイメージするのは、壊れそうな小さな小屋があって、そこに農作業用の道具が置いてあるだけで、あとは竹と紐で区画を区切っただけの畑があるだけ、というものではないだろうか。

なにかそういう貧相な規模のものは、まったくイメージになかった。やるなら本格的に、である。

ザ・ファーム（千葉県香取市）のたたずまい

1市3町の合併で大きな市が誕生したが、市の均等な発展という観点からいえば、我々のいる西部地区は農業以外に産業がない。工場もないし、商店街もない。何か地域の特徴を生かしたことができないか、という相談が行政の側から持ち込まれた。

この地域では佐原市が〝小江戸〟といわれて、何かと中心になることが多い。それだけではいけない、合併で香取市も10万という市になったのだから、何かをやらなければ、というのが行政の考えであった。

我々も西部地域にある企業として、職員、パートさんが親しんでいた憩いの場の温泉がなくなる、というのは辛いことである。温泉を再生させて、我々の農業とシナジー効果のあるものが何か作れないか、ということから発想したのが、ザ・ファーム構想である。

そのテーマは、都市農村交流である。

下地となったのが、延々と繰り返してきた視察事業である。和郷が視察コースを始めたのは、冷凍野菜のイメージを変えたかったからである。冷凍工場を立ち上げたものの、冷凍イコールまずい、という固定観念がはびこっていた。生協の会員を中心にバスツアーで来てもらって、原料の生産から工場での製造まで全部見てもらい、そして冷凍野菜を実際に食べてもらって、そのおいしさを確認してもらった。

我々のリサイクルの考え方などもお話し、風土村で食事をしてもらったり、惣菜や野菜の買い物を楽しんでもらったりした。

いま工場見学などが盛んだが、その走りのようなことをやっていたわけである。我々からすれば当たり前のことが、消費者の目には新鮮に映るらしい、ということは、この視察受け入れから学んでいた。

いままでは視察だけだったが、もっと畑にかかわってもらうとか、そういうことを通して、食育ばかりか、農業のことを分かってもらって、ひいては農業の地位向上に貢献できるのではないか、と考えた。

地域振興としての役目も当然、担っているわけで、ザ・ファームが地域全体の魅力を伝えていく核になれればいいな、と思っている。この周辺には、さまざまな資源がある。うち（香取市）には畑の幸があって、銚子には海の幸がある。九十九里町の浜もある。成田山のご利益もあれば、車で20分のところに成田空港もある。すぐ隣のゴルフ場では、飛行機に乗る前に外国人ビジネスマンがひと振りしている。そんな千葉県の北総地域に点在する資源を有機的に結びつけていくのも、我々の事業コンセプトのひとつである。

＊「結農」で「ことを売る」

我々を支えてくれたお客さんというのは、会員制の生協であったり、スーパーや外食産業だったりするわけだが、業界としては大きいけれど、ひとつひとつの組織はそう大きなものではない。

とくに飲食店のチェーンなどその典型で、大企業のような保養所を持っていない。コミュニケーションを深める意味合いで、1泊2日で慰安旅行などをするが、それだけでは面白くない、という意見が多い。そこでザ・ファームに来れば、野菜のことを学べるし、そのためのカリキュラムも提供できる。単に企業研修で使うのもいいし（最大で50人の研修が可能）、泊まる施設もある。

具体的にいえば、自分が10店舗レストランを運営しているとして、社員の食にまつわる知識を高めたい、店舗同士のコミュニケーションを深めたい、それを低コストでやりたい、と思ったときに使える施設をイメージしている。

東京から1時間半だから、2日あれば、びっちり時間を作ることができる。場合によっては、日帰りも可能だろう。

子どもが野外学習で飯ごうでご飯を炊いたりするが、もっと本格的に材料の収穫からやって、それでカレーを作る、というのもいい。

農業のことを知り、学び、楽しんでもらって、その結果、我々が野菜を直接届けるダイレクトマーケティングの仕組みを開発してもいいのではないか――BtoCを仕掛けるブランドとしてザ・ファームを考えている。それには、いろいろな企業の参加が必要で、まさに「結農」を体現したような取り組みになる。

### *コミュニケーションの場を提供

最近、ザ・ファーム事業部の一環として、川崎と新宿の大型のタワーマンションにザ・ファームカフェを開いた。

川崎は1500世帯、30代、40代の子育て世代のためのマンションである。新宿は1300世帯、40代、50代向けで、ひとり世帯、2人世帯が多い。

いま大手ディベロッパーは、自分たちの作ったマンションをどうやって差別化するかというのが、大きな課題になっている。

立地が同じであれば、ほぼ価格も同じである。部屋の広さ、内装、そう違いがあるわけではない。そこで我々は、住民のコミュニケーションの場としてザ・ファームカフェを提案した。

これも、自分がこのマンションの住民だったらというのが発想の素である。自分が30年ローンでマンションを買って、隣同士と仲が悪かったらどうしよう、ということである。マンションには、全員知らない人ばかりがやってくる。みんなをつなぐ何かニュートラルな場がないと、暮らしは豊かにならない。その一端を、ザ・ファームカフェがお手伝いする、というイメージである。

農家がやっているカフェなので、野菜を使った食事メニューが多いのと、店舗内で物販もやっているのが特徴である。代表的な野菜はもちろんだが、もっとニッチな、少量生産しかしないような野菜、ある時期しかできなかったり、畑のローテーション上、作付けが少なかったりする野菜を販売している。

ちょっとランチメニューを紹介すると、「冬の彩りカリフラワーとパプリカのサラダ」「生ハムとバジルのトマトソースピザ」「ゴロゴロ野菜たっぷりのカレーライス」「パンチェッタと旬の小松菜のトマトクリームパスタ」など、さまざまな料理を提供している。

食事をしながら、住民が顔を合わせることで、コミュニケーションが芽生える可能性がある。将来的な課題だが、和郷園を含め全国でいいものを作っている農家のお披露目の場

タワーマンション（川崎）内カフェ

にすることで、そこに集う住民にヨコのつながりができるかもしれない。

そこで暮らす住民に新しい価値の提案ができ、不動産会社には差別化や付加価値が発生し、我々も直接、消費者に自分たちの野菜を知ってもらうことができる。

副次的には、そこの住民にザ・ファーム（香取）に来てもらうことも考えている。

人と人を結んでこそ、ビジネスが成り立っていく。

まだでき上がったばかりのカフェなので、状況を見ながら、いろいろ作り込んでいく予定でいる。

## アジアの市場は有望である――海外事業

### *タイ進出

アジアのマーケットの大きさは魅力的である。まだＴＰＰに参加していない国もあるが、日本を除くアジア主要10カ国では中・高所得層が10億人以上いる。この階層は、２０２０

年には20億人弱に達するという推計もある。

タイ進出も、もとを手繰れば日本での取引先である生協からの依頼で始まった仕事である。タイから日本の生協に輸出していた無農薬のバナナから〝農薬もどき〟が見つかったため、和郷に善処の方法を考えてくれないか、と提案があった。当時、農薬の検査装置が広く普及してきたことも背景にあった。

調べてみると、タイではバナナの木の下を有効利用するために野菜を栽培していて、そこで使用した農薬が上のバナナにドリフトしていた（かかっていた）ことが分かった。和郷に求められたのは、トレーサビリティを基にきちんと工程管理をすることだった。

それまでは全農系の商社であるユニコープ・タイが管理を行っていたが、日本で和郷が実績を積んでいることを聞きつけて、上記のような申し入れがあったわけである。

我々としても圃場確認をしたり、生産者にインタビューなどをして、準備に2年ぐらいかければ、やっていけるだろうということで、申し出を受け入れた。ところが、ちょうどそのころ、秋田で全農がコメの不祥事を起こした影響で、きちんとリスク管理できない事業からは撤退する方針が打ち出された。

それで生協も困って、せっかく2年かけて和郷が企業支援するつもりでいるなら、日本向け商流もやってくれないか、となったのである。

我々も、海外に進出するのに、一番タイがハードルが低そうだったので、その話に乗ることにした。急遽、現地で切り盛りできる人材の確保をし、1年ぐらいかけてリサーチを繰り返し、どういう事業にするか組み立てた。海外事業部の立ち上げに応じて、うちからも常務がタイに常駐することになった。

その後、トレーサビリティを確立し、日本へバナナ、マンゴーなどを輸出しはじめた。最盛期には月100tを出荷していたが、半分がタイ国内用、残り半分は日本向けだった。タイ国内では、国際的ブランドのバナナが700gで27バーツのところ、和郷のバナナは500gで同じ27バーツで売られていた。それだけ品質に高い評価を受けていたわけである。

ところが、日本国内のマーケットの変化でバナナのデフレ化が進行し、差別化した無農薬のバナナの需要が減ってきた。しかし、現地で生産している農家などがいるわけだから、その保護も考えて、タイ国内のスーパーでの販売を強化した。結果、250店舗ぐらいにバナナを供給するルートができた。そのサプライチェーンを利用して、タイで作った日本種のダイコンやキュウリ、トマトなども流すようになった。日本製の安全、安心のブランドが下支えになっていることは確かである。

タイの経済成長に合わせて日本食レストランが増えるにつれ、そちら向けの販売も伸びている。マーケットの成長を見ながら、文化理解も深めながら、まさに日本で和郷がやっていることのミニチュア盤をいまタイで展開している、といえる。

日本側からタイに進出するのに、タイのサプライチェーンを使わせてほしいという要望もある。ゼロから立ち上げるのに比べれば格段にスピードが違うし、事業の安定性も違うわけで、我々としてもできうるかぎりサポートしていきたいと思っている。

## ＊香港は魚から

我々が香港に出て行ったのは、千葉県の輸出協議会で15年ほど前に香港に輸出を行っていたことに端を発している。その香港側の担当社員2人が、オーナーの華僑と考え方の違いもあって独立したい、という要望を伝えてきていた。

香港はこれから伸びるから事業の可能性は大きい。しかし、信用と資金がないから、そこを和郷が担保してくれないか、という依頼があった。彼らが扱っていたのは魚で、寿司ブームに支えられて、好況を呈していた。

独立する2人と私の3人で現地にOTENTO香港を作り、日本側から信用と金融リスクを担保し、向こうのオーダーに合わせて魚を送りはじめた。

日本食ブームに乗って、ピークには25億円まで売上が拡大した。逆にいえば、それだけのマーケットになれば、競合相手も増えて、香港側の流通環境も厳しくなってくる。すると、日本側で調達して、手数料をお互いに乗せるやり方に無理が生じてきた。

結局、事業を解消したほうがいいという結論に達し、香港側はあくまで現地で頑張るという選択をし、我々は株を売却した。

現地に会社を作るということは、取引がそこだけに制限されるということである。また、ほかに出せば、競合することになる。販路の拡大の方途が見えないのである。

インターネットが普及し、流通も発達してきている。現地で買いたいというところと組んだほうが、信用関係さえ確認できれば、日本側からどんどん出すことができる。いまは香港ばかりか北米、シンガポール、マカオ、タイ、ベトナムなどに販路を広げている。

おかげで収益率も格段によくなった。このやり方のほうがシンプルだし、あるべき姿に近い、と思っている。

## 「もの」ではなく「こと」を作れ——ナレッジ事業

### *物作りが基本

ナレッジバンクという事業部を作ってまだ2年である。

和郷はさまざまにイノベーションを繰り返してきた集団だが、そこで得たノウハウを内部で溜め込んでおくのは「もったいない」から、外部へと応用していこう、と考えている。その事業化の糸口を付けるのがナレッジバンクである（あとは、該当事業部が引き継ぐ）。

たとえば、どこかの企業が立ちそば屋チェーンを作ろうと考えたとする（立ちそばの業界はまだ伸びている）。店舗開設に必要なものは、ほぼすべてうちが提供することができる。

いま立ちそば屋のかき揚げは中国製のプリフライという冷凍物を使っていて、味はご想像の通りである。我々はカット野菜工場を持っているので、かき揚げの材料を提供することができる。それを現場で揚げれば、おいしいかき揚げそばが食べられる。そばと汁もうちが提供できる。

あるいは、カフェチェーンやカラオケチェーンなどで安いパスタを出しているところは、ソースは全部外注で、大量生産してコストを下げたものを、常温（ドライ）で入れている。というのは、どこも厨房スペースに限りがあるので、大きな冷凍庫は置いておけないからである。だから、ソースは常温で運ばれてくる。常温は日持ちがしないから、添加物だらけになる。

欧州のカルボナーラソースがおいしいのは、チーズやクリームが違うからだが、全体の消費量が多いので、小さな工場でもそれなりの発注量があり、手間をかけてソースを作ることができる。日本の場合、ロットが小さいので、どうしても大きなバルクで大量生産するしかない。

しかし、惣菜などを作っているうちの「まんぷくさん」では、１００kgぐらいのバッチ釜で、無添加で、とても濃厚でおいしいソースを作ることができる。おまけに、うちには流通もあるので、それをポーション（料理１人前）ごとに冷凍し、やはりポーションに分けたカット野菜と一緒に店舗に届けることができる。

小さな量で届けられるから、お店でも大きな冷凍庫は必要ない。それでいて、野菜たっぷりのおいしいパスタが、瞬く間にでき上がる。アルバイトでもできる仕事なので、月50万円のプロの料理人はお呼びではない。

とてもおいしくて、値段も安くて、お客に喜ばれるパスタ店チェーンを考えているところがあれは、必要なものは、すべてうちが後ろのドアから届けることができる。

ちなみに、まんぷくさんは千葉県旭市にあって、仕出し弁当および惣菜弁当で年商1億を売っている。売り場は10坪で、残り１４０坪が厨房なので、まだまだ生産量には余裕がある。この規模でいうと、立ちそば屋、あるいはパスタ店２００店舗ぐらいに供給可能である。もともと「まんぷくさん」は、そういう将来像を描いて、厨房の設計をしてある。

和郷の持つさまざまなノウハウ、技術を、外と組んで、さらに展開していきたい。それを考えるのがナレッジバンクの使命である。

そこまで準備ができているのなら、なぜ自分で店舗経営をやらないのか、といわれるが、我々のＤＮＡはものを作ることなので、そこに徹していきたい、と考えている。

しかし、小規模ながら、自らリアル店舗を展開してきたおかげで、どこに生産、製造のチャンスがあるかが深く分かるようになってきた。その意義は、決して小さくはない。

＊「こと作り」事業

世の中の変化を見れば分かることだが、すでに消費者は「もの離れ」をして久しい。新製品が出たからといって、心躍るということは、ほとんどなくなり、なにか新しい「こと」に、珍しい「こと」に興味が移ってしまっている。

ものを買うときにはそれほど喜びがないが、旅に出て、その地の人情や文化に触れると喜びが大きい。誕生日プレゼントに何を貰うかではなく、その日に、どこで、どうやって祝ってくれるかに視点が移っている。ハロウィンには、渋谷の街は仮装した若者でいっぱいになる。

和郷の根幹に物作りがあることは厳然とした事実だが、実は「もの」を介して「こと」を売ってきたがために、いままでの成長があったのである。

産直という「中抜き」、カットや冷凍事業の「マーケット・イン」、リサイクル事業の「エコ回帰」、ザ・ファームの「都市農村交流」、どれも「こと」を起こしたがゆえに、人々の共感や理解を得ることができたのである。

我々はもっと自分に自信を持っていいのではないか。これだけイノベーションを生み出した企業も珍しい。だからまた、次の「もの」を作り、次の「こと」を起こす資格が我々にあるのではないか。

農業、食産業で、「こと作り」の旗を揚げる意味で、ナレッジバンクを名乗ろうというわけである。

## ＊ペットと一緒にカフェへ

ナレッジがかかわったものとしては、先に触れたマンションカフェがあり、加工事業から派生した「まんぷく」の惣菜やキット野菜がある。

最近の例を挙げれば、アニコムホールディングスとの提携がある。同社はペット保険のトップクラスの企業で、東証一部に上場している。

同社は、保険会社の本来の仕事は、保険金を支払うことではなく、保有するデータを活用し、ペットの病気やケガを減らすことと考え、さまざまな取り組みを行っている。

そのなかには、ペットと飼い主がより健康になる「食」も含まれており、和郷が協力関係を築いている。

アニコムは、昨年の12月から西新宿で「アニコパーク」という期間限定のイベントを開催している。同社の小森会長は、大好きなペットと一緒に食事や運動を楽しめるスペースを作り、明るく、ファッショナブルで、気軽に入れて、わくわくするような空間にしたいという。

そこに、我々はペットと一緒に食事ができるカフェを展開し、食のサービスや食材の提供を始めたところである。

また、新宿の富久クロスコンフォートタワーにペットと一緒に入れるカフェレストラン「ウィズユーキッチン」も作った。

**＊食べるサプリ**

ナレッジの事例2ということで、プレミアム・フルティカというフルーツトマトのことについて触れていこう。

スーパーなどで糖度の高いトマトがフルーツトマトとして売られているが、温室栽培で接ぎ木でできたものが大半である。どんな篤農家が作ったものでも、根がカボチャで、上がトマトである。だから、昔のようなコクがない。そこで、水を切ってストレスを与えて、ナトリウム濃度を上げる。そうすると、トマト本来のコクが出て、甘みが加わる。

しかし、このやり方では、ふつうの低糖度のトマトが10ｔ穫れるところが、高糖度のトマトは5tしか穫れない。したがって、収量が少ないので、単価が高くても、割に合わない。農家はそれでも、市場が余計に手間のかかるフルーツトマトを求めるので、仕方なくそっちを作っている。

我々のやり方は、種を播いて作った苗木を使う。つまり100%トマトの遺伝子を持ったトマトである。だからコクがあって美味い。根を張る空間を狭くして、ストレスを継続的に与えることで、糖度を増している。これならば、7、8tの収穫量が見込める。コンピュータ制御で栽培するのも、画期的である。

連作障害がないのは、ある工夫をしているからである。農家は作物の病気は空中から来ると思っている。本当は、作物の病気の8割以上は根からやってくる。根から水も栄養も、そして病気も来る。それに対してある特殊なシートを用いて、水と栄養は通すが、病気を通さないようにした。

フルティカの開発は、いろいろなところが挑戦したが、糖度と品質がコントロールできないでいた。きめ細やかに肥料設計をやり、エビデンスもしっかり取りながら管理の仕組みも工夫し、出口でも安売りなどせずブランド化に成功した。

いまフルティカは、千葉で6ha、福井和郷（高浜町）で3・6ha、あと富山で富山環境というところが２haで作っている。千葉は夏が暑いので、越冬作で12月から６月いっぱいまで作り、残りの月は福井と富山で最新型の温室で作っている。

富山環境はリサイクルや廃棄物の処分場をやっている会社で、異業種からの参入である。廃棄物を使った熱エネルギーの開発に優位性を持った会社である。我々が温室栽培のプランニングをし、技術指導を行って、経営は富山環境が行っていくかたちである。

巨大メガハウス（東京ドーム分の広さ）で実験を繰り返してきた温室栽培の空調制御もできるようになり、周年でフルティカを作ることができるようになった。それに、非破壊の糖度センサーを導入して、一粒一粒糖度を計測して、出荷できる体制もでき上がった。これは恐らく日本で最初の例になるだろう。

さて、ここまでは技術や「もの」の話である。

フルティカは高糖度でおいしいばかりではなく、リコピン、グルタミン酸、イノシン酸などがふんだんに含まれ、健康や美容にもいい、というアピールポイントを持っている。それをトマトの土俵ではなく、〝食べるサプリ〟という打ち出し方をしていこうと思っている。

トマトのクオリティは担保されたので、ブランディングはナレッジがやり、マーケティングや販促は外部の専門資格を持ったネットワークに委託しようかと思っている。

彼女たちは、さまざまな年齢層、世帯層のフォロワーを持っている。20代で独身女性であるとか、3歳未満の子がいるとか、30代で独身とか、あるいは子どもが何歳だとか、セグメントされた情報が入ってくるようになっているので、このフルティカの打ち出し方も、そこからヒントを得ることが期待できる。

あるいは、彼女たちに我々のお客さんであるスーパーなどの店頭で販促をしてもらえば、説得力が違うので、認知度が上がっていくことが期待できる。

ナレッジバンクが「物作り」の先を行こうとしているのが、お分かりいただけただろうか。

## *世界に進出してこそ経済貢献

植物工場、それと関連して福井のフードコンビナートの構想も、ナレッジが担ってきている。福井の事業は福井和郷というよりは、関西和郷という位置づけをしている。千葉に本社のある和郷が関東をカバーし、そして福井が関西をカバーするということである。

我々は日本の食産業は世界に進出して、外貨を稼げる産業になってこそ、日本の経済に農業、食産業が貢献している、といえるのではないかと思っている。

そもそも日本は世界一、農業をするのに恵まれている国である。単純な原理で、春夏秋冬があって、多彩に作物を育てることができる。そのほかに農業で大事な3つのファクターが揃っている。太陽（光、温度）と水、そして有機物である。

これらの三大要素を自然に自給できる国は強い。春に芽を出して、夏に茂って、そして秋に実がなり、冬に枯れる。枯れた植物が、また次の芽を出すための肥料に変わる。この自然の摂理は非常に得がたいものである。

日本農業の技術は世界一である、と断言していい。日本の農業を素材産業としてとらえると、輸入加工と国産合わせて約4・87兆円である（農林水産基礎データ集から、2015年12月1日現在）。

水産業が0・71兆円、畜産が2・71兆円で、合計8・29兆円である。それで食品産業が78・88兆円なので、素材が料理となると9・5倍の価値を生むわけである。輸出するとすれば、ここの部分を輸出する必要がある。

家庭食チェーンの「大戸屋」は、80種類以上のお袋の味をあのスピードで、あの品質で出してくる。季節メニューや限定メニューを加えれば、100種類以上にもなる。

あるいは、日本の庶民文化の華ともいうべき居酒屋は、店によっては100種を超えるメニューを持っているところがあり、サービス面でも細かいところまで気配りが行き届いている。

ラーメンや寿司、うどんのようなものは、サプライチェーンがシンプルなので、比較的容易に海外に出て行きやすい。それが、居酒屋になると、途端に難しくなる。ネックになってくるのは生鮮の部分である。

魚と肉の低価格なものは冷凍で運ぶことができる。しかし、野菜の冷凍したものは、サラダには使えない。葉物の日持ちは3日、果菜が1週間、根菜は1年でも大丈夫。

飛行機だと、東京～ロンドン間で100円のキャベツの運賃が1000円にもなる。高くつく葉物、果菜を人工光と太陽光で現地栽培すれば、ほぼ食材の問題はクリアできることになる。

**＊植物工場で日本食を世界に**

デパ地下の惣菜屋や日本の居酒屋が、日本にやってくる観光客に注目を浴びているのに、なぜ海外に出て行けないか、というと、サプライチェーンが確立されていないからである。

日本では食の店舗を作るだけで、サプライチェーンの心配をする必要がない。しかし、海外に出た場合に、ゼロからそれを立ち上げなくてはいけないということで、非常な足かせになっている。

我々、農業にかかわる者は、それに貢献する必要があるのではないか。

もし海外でサプライチェーンをワンストップで供給できたら、こんなに便利で、安心なことはない。

どこからそれに手を付けるかというと、素材の生産からである。日本から持って行って、品質的にも、コスト的にも合うものは、そうすべきだと思う。しかし、素材のなかには、鮮度、航空運賃などで、それができないものがある。野菜でその代表格が葉物類と果菜類である（肉、魚介類に関しては、クオリティの高いものは別にして、世界中どこでも調達できる）。

我々は、どんな環境であれ、電気さえあれば葉物類ができる植物工場の実現をすでに福井で計画している。コストさえ合えば、砂漠の地にも持って行ける。

森久エンジニアリングという、植物工場開発ひと筋でやってきた会社と組んで始めたものので（資本は30％入っている）、すでに今期だけで20億円以上の売上になっている。和郷

太陽光によるトマト工場（福井県）

は最後の技術を確立する部分で貢献したり、営業やいろいろなサポートマネジメントを行い、事業化の目途を立てた。

うちがかかわってもう9年になる。

ここではレタス、ホウレンソウなどが毎日、何万株と生産できる。加えて、トマト、キュウリ、パプリカといった果菜類も、太陽光とエネルギーさえあれば、土壌環境に左右されず（人工培土を使う）、どこでも作ることができる。

人工光、太陽光の植物工場でできた野菜を現地栽培して、あとは、店舗で使いやすいように一次処理、二次処理したものが届き、ほかの食材と合わせてマニュアル通りに作れば、すぐにでも海外で日本食の店を立ち上げることができるようになる。

こういったサプライチェーンをワンストップで提供できる仕組み（コンビナート）を、福井和郷で作り上げようとしている。

## ＊アイデアを現実化させる

ナレッジバンクを始めたことで、おかしないい方かもしれないが、自分の仕事がライフワークとして充実してきた、という実感がある。いままでだってそうだったのだが、より

「ひらめき」とその「具現化」に拍車がかかり、自由度が増した感じがしている。

本来、自分は「企画畑」の人間で、新しいビジネスを思いついて、成功体験に結びついたときほど、自信となって、幸せを感じるときはない。もちろん、その企画のバックボーンには、物作りが厳然としてあるのだが。

たとえ小さなことでも、アイデアを思いつき、それを現実化させることを繰り返し経験することが大事で、それが充実感につながっていく。おかげで、かなりフル稼働で動いていても、全然苦に感じることはない。

これは和郷本体が事業部制をとって、安定してきたということが大きい。

その結果、私がナレッジを中心に、次の和郷を作り上げることに没頭できるようになったわけである。

# 第4章

# 農業の可能性を最大限に広げる——和郷のビジネス戦略

## 努力せずに儲けは出ない

### *オーバーストア状態の恒常化

農家が儲からなくなってしまった原因のひとつに、供給が需要を上回った、簡単にいえば需要が減ったことが挙げられる。食べ物の傾向が変わったこともあるだろうし（コメの消費が落ちていることを見れば、分かる）、人口減に高齢化も影響しているだろう。

農作物を作れば作るほど儲かる時代はとっくに過ぎ去り、やみくもに作るだけでは赤字が膨らむばかりである。この現象、つまり「食のデフレ化」はいまから約25年前、私が就農した当時にはすでに起こっていた問題である。

たとえば、我々が精魂込めて作ったダイコンを出荷しても、半数以上が売れ残る。これでは真っ当なビジネスとは呼べないだろう。

売れないなら値を下げて売ればいいということで、スーパーなどの小売店では、値下げ合戦が始まった。そうなると、必然的に仕入れ値を安くするわけで、結果的に農産物を供給している農家にしわ寄せが来る。

もちろん、我々農家の側も消費者が安い農作物を求めているのは承知している。品質のよい野菜や果物をできるだけ低価格で供給するための努力をしているものの、デフレ化の勢いには凄まじいものがあり、じり貧になってしまう。

一方、スーパーは収益を上げ、成長していくために、大型の新規店舗を展開するなど、売り場面積をどんどん増やしていった。また、ネットで農産物が購入できたり、生産者が直接届けたり、供給ルートが多様化した。

需要の減退するなかで供給のチャンネルが増えたことで、全国で「オーバーストア」状態が顕著になっていった。いくらでも値が下がる要因があるのである。

消費者が野菜や果物を購入する場合、何を基準にするかといえば、やはりスーパーの評判や商品構成ではないだろうか。近所のどのスーパーよりも安いから、いつ行っても品揃えが充実しているから、といった基準で消費者は店を選択し、そこの野菜を買うわけである。

つまり、農家が従来通り、スーパーの安売り路線に依存しているかぎり、デフレ化の波に飲み込まれるのは必然なのである。

驚かれるかもしれないが、たとえば農家は100円のコストをかけて作った野菜を90円で売ってきたのだ。市場からの値下げ圧力が日に日に増し、慢性的な採算割れ状態が長く続いていたにもかかわらず、大半の農家は状況改善に向けたアクションを起こそうとはしなかった。

裏を返せば、自らマーケットに働きかけ、適正価格で売れるような工夫をすればいいのである。努力もせずに儲けを出そうなど、虫のいい話なのである。

## 農業も製造業だという発想

### *安定した収益を上げる仕組み作り

私が就農当時、仲間たちと行っていた産直は、スーパーや生協が「欲しい」といった野菜を適正な数だけ持ち込むわけだから、結果的にロスも小さく、値段設定も交渉ごとの世界である。

産直とは市場への出荷ではなく、お客さんのニーズに合わせた「ピンポイント供給」のことである。それこそがマーケット・インであり、その仕組みを現在の和郷の事業にも取り込んでいる。

私は農業も製造業の一種だと考えている。農産物という製品を作り、消費者に買ってもらうのだから、食材製造業といっていい。

それに、農産物を作るためには、ひとを雇い、肥料を買い（あるいは作り）、農機の減価償却もしなければならない。そのうえで利益の出せる値段で販売する必要がある。自動車やコンピュータなど、ほかの製造業と変わらないのだ。

ところが、他の製造業には市場の動向を読み込んで、生産数などを決定する仕組みがビルトインされているが（自動車メーカーの中には受注を受けて、数が確定してから生産するところもある）、農家にはまったくそういう発想がなかった。いってみれば、自己都合で、好き勝手に作っていたのだ。

作るだけ作って、それを毎日市場に出し、「今日は結構売れた」「今日は全然だめだった」というやり方を繰り返してきた。これは賭け事より質《たち》が悪い。少なくとも賭け事には一か八かの緊張感があるが、農家がやっていたのは〝ダダ洩れ〟ならぬ〝ダダ生産〟だったのである。

我々はその反省の上に立って、安定した収益を上げ、成長し続けられる経営をするために、取引先との受注生産のみに特化していった。ゆえに、和郷園のグループ農家は、取引先からのオーダーを受けてから種を播いている。

つまり、マーケットから利益を得られるものを供給することで、無駄なコストを省き、安定した収益を上げることが可能になったのだ。

## 産地化政策はこう乗り越える

### *和郷=小さなゼネコン説

私は和郷を「小さなゼネコン」にたとえることがある。道路の整備もできるし、小さな橋も架けられる。あるいは、小規模ビルならお手の物だし、たいていのご要望には応えられる、というのが小さなゼネコンのスタンスである。和郷も少なくとも「農」に関して持ち込まれた仕事はほぼすべて対応できるようになっている。

農業でいえば、産地化政策というのが、「小さなゼネコン」の誕生を抑制している面がある。本来、産地化政策というのは、地域で競争力のある農産物を作って、ほかの産地との競争に有利になろう、というものである。

よくJAに農産物を持って行くと、「うちが扱うのは2品か3品」といういい方をする。ここの近所でいえば、旭市はキュウリとトマトが推進農産物である。ところが隣の市に行くと、サツマイモとニンジンが推進されている。

同じものばかり作ると、当然、土壌が悪くなってくる。それにつれて、品質も落ちてくる。それを避けるために、土作りをしたり、農薬を使ったりするが、それには限界がある。本当は、キュウリを作ったら、次はニンジンというように作り替えたほうが品質がよくなる、ということは、農家は誰でも知恵として知っているのである。

JAの管轄で作物を決め、価格を保証しているのが産地化政策である。その結果、旭市のキュウリは5kg箱2000円、しかし、それ以外の市のキュウリは1000円程度にしかならない。市場が産地化作物をブランドにし、それ以外を認めないのである。

これに対して、「小さなゼネコン」でもある和郷は、どういうイノベーションをするか。たとえば旭、香取、銚子、山田という複数の産地を、全部ひっくるめて〝和郷のブランド〟にした。和郷のキュウリは旭ではなく、山田で作っている。そして旭市のトップブランドの価格から、納入先に交渉を始める。そうすると、それぞれのトップブランドの価格を和郷がチューニングする効果が生まれてくる。

農家にすれば、毎年毎年、同じものを作りたくないと思っている。土も飽きてきている。産物が交替することで、生産にメリハリが出て、意欲も湧いてくる。結果、品質のいい作物が消費者のもとに届くことになる。

仕入れするスーパーからすると、キュウリとトマトはＪＡ旭で、ニンジンとイモはＪＡ香取、ダイコンはＪＡ銚子から入荷しなければならないというのは、不合理かつ不便である。

建設でいうなら、各ＪＡは大工しかできない、基礎工事しかできないといっているようなものである。お客は家を求めているのに、個々のパーツ担当者が勝手に自己主張しているようなものだ。そこにはやはり統括の「ゼネコン」が必要なのである。

## 消費者の目が厳しくなった

### *ポピュラーブランドを目指す

和郷園では、グループ農家のなかでジャガイモやトマトなど同じ品目を作っている農家が集まり、品目部会を形成している。スーパーなどのバイヤーとは、それぞれの品目部会が交渉を行い、規格や出荷量を決定する。

いただいたオーダーは、すべて受注したいという気持ちがあるが、そこは生産コストと見合うかどうか精査し、適正と思われる数を出すようにしている。

先にオーバーストアの弊害を指摘したが、問題の所在がはっきりした分、商売がやりやすくなった面がある。いままで通り〝数〟の論理でいくのか、あるいは〝質〟の問題に転換するのか、大きくいえば、その選択肢が見えたというメリットがある。

ススキの正体が分かるまではオバケではないかと恐れる。実態が分かってみれば、訳もなく怖じ気づいたことが恥ずかしくなる。それと同じで、物量というオバケを前に値下げの消耗合戦をするよりは、違う路線を探ってみようと、小売り側も考え、生産する側も考える。そういうところからビジネスのブレークスルーが起きてくる。

消費者のなかには、さまざまなひとがいる。大量消費の時代にはマスの部分に照準を合わせていればよかったのだが、しだいにそれが細分化されつつある。有機野菜も、身体にはいいかもしれないが、割高だからと敬遠されていたものが、一定の層のひとたちの支持を集めるようになったし、マスと思われるひとたちのなかにも、非常に厳しい目つきで、少しでもいい野菜を選ぼうとするひとたちが増えてきた。

作ってできたから市場に持ってきました、などといった商売ができなくなるのも当然である。

では、和郷はどういう戦略をとったのかというと、ある程度ポピュラーな客層をつかんではいるが、品揃えとしてハイクラスなものも置きたいといった小売店にターゲットを絞り込んでいった。あなたのポケットマネーで買える、安心安全のポピュラーブランドです、というのが我々の立ち位置である。

そういうお店で、たとえばダイコンが1日平均何本ぐらい出るかというのは、きちんとリサーチをすると分かるわけで、必然的に我々の生産の規模も決まってくる。

基本的に店舗に関する情報は、バイヤーやお店から貰って、それをこちらで蓄積して、データベース化している。年数が経てば、それを我々の独自な情報ツールとして使えるようになる。

販売予測をどう立てるかというと、次のようなプロセスが典型的である。あるお店で、たとえば98円でダイコンが売られているとしたら、158円のダイコンがあってもいいのでは？　と提案する（ほかで売った実績があれば、それをデータで提示する）。158円のダイコンは産直で、葉っぱを付けて、1本ずつ袋に入れて、きれいに演出します、と値頃感のあることも強調する。それにバイヤーが乗り気になれば、初めて既存のデータを出してくれるわけである。

経験を積んでくると、1日の集客数を聞いただけで、どれだけ売れるか、8割方の予想はつくようになる。あとは、エリアの消費者の所得層なども加味しながら、我々のやや高めのダイコンは1日大体100本ぐらい売れると予測を立てる。

それをそのまま提案せずに、まず60本からいかがですか、と切り出すのがミソかもしれない。その60本は完全に売り切れる。そうすると次にバイヤーが、もっと増やそうといったときに、80本を提示する。その80本も売り切れるので、結果、予測で立てた１００本になる。それで何本が残るか、あるいは売り切れるかで、この店に対する我々の供給の仕組みづくりはおよそ終了ということになる。

こういう実績を積み重ねていくことで、かなり精度の高いマーケティングができるようになってきた。

## 「知産知消」が強みになる

### *マーチャンダイジングの仕組みがない

本質的に農業は下請け産業である。そういい切ると、「そんなことはない。小売と対等の関係だ」と反発するひとがいる。だが、ほとんどの消費者は、スーパーの評判や商品構成を基準にして生鮮食品を購入する。つまり我々は小売の暖簾や販売テクニックに依存して、商売をしているわけだ。

もちろん、もっと自律しようと努力している農家も少なくない。とくに若い世代は、農協に出荷しているだけの親のやり方を改め、小売との契約栽培を始めるなど、販路の開拓を工夫している。彼らはそうした結果に自信を抱き、「我々は進化した」と胸を張るだろう。気をつけたいのが、売り先ができたとき、その達成感で進化が止まりがちなことだ。

確かにこれまで遠くにあったマーケットに近づくことはできたが、スーパーの要求に従順ということはないか。先方の求めに応えれば応えるほど、経営の依存体質は強まっていく。しかも卸している野菜は、市場の野菜とほとんど同じだ。お客さんが本当に欲しいものが分からなければ、本来のマーケット・イン（顧客視点の物作り）とはいえない。

これでは、従来の流通と比べて、何も新しいものは生まれない。なぜこのような事態になるのかといえば、農家の側に消費の現状を知っている者が少なく、小売の側に産地を知っている者がほとんどいないからだ。つまり消費サイドと生産サイドの両方を知っているマーチャンダイジング（商品化・販売計画）の仕組みがないからだ。大事なのは、産地と消費の両方を知ること、つまり「知産知消」である。

## *交流委員を設置

農業側がすぐにできることは、多様な人々を産地に受け入れることだ。別に自分の社員にして取り込む必要はない。視察や研修を通して、さまざまな出会いや経験をしてもらえば、のちのちその「知産」というソースが生きてくる。

たとえば和郷園に研修で来てくれたひとが、その後スーパーに入社して、「和郷園の野菜をキャンペーンに使いたい」と企画を持ってきたことがある。彼なりに我々の思いや取り組みを知っていたから、一般野菜ではなく、頭ひとつ秀でた商品として扱ってくれるのだ。小売と対等になるためには、「いかに知ってもらうか」が大切である。最終的に産地を知っているひとが的確な商品を選ぶし、その価値を引き出す提案もしてくれる。

和郷では年間数千人の視察を受け入れている。視察をしてもらう以上、ノウハウは基本的にすべて開放する。視察して少しでもいいところが見つかったなら、各地に広げてほしい、といっている。本当にいいものは残り、発展する。また視察者を受け入れることで、スタッフが外の世界や視線を絶えず意識するようになるため、器を大きく育てる機会にもなる。

むかしの農家は自分からは動かず、隣の農家の動向を縁側から覗いて、勝手にライバル視しているだけだった。そのようなせせこましい競争のなかではイノベーションは起きないし、結果、自分で価値の創造ができず、市場や小売の暖簾に頼ることになるのだ。

産地を知ってもらうために、つねに情報は出し続けなければ意味がない。更新されないＨＰがすぐに忘れ去られるように、どこかで成長がストップすると、その産地は過去のものになってしまう。

そのため和郷では「交流委員」という担当者を置き、視察の受け入れから、その後の情報発信までカバーしている。一部は視察料をいただき、交流事業も定着している。

こういった活動も野菜を作ることの一部なのである。川上から川下まで見通す目がないと、小売りと対等に太刀打ちなどできないと知るべきである。

## 複数の出口を用意する

### *6分野のビジネス

シャープやパナソニックなどの日本のトップメーカーが苦戦しているように、ナンバーワンの出口を持っていても経営が順調にいくとは限らない。それよりも出口を柔軟にして、どういう状況にも対処できるようにしておいたほうが利口である。

たとえば、写真フィルムのメーカー富士フイルムは、いまや化粧品市場に進出し、スキンケア化粧品分野で業界トップ5に入るなど、その大胆な事業転換に関心が集まっている。かつての技術を応用した液晶用フィルム、医薬品なども事業化の柱になっているという。

かつて看板事業の写真フィルムが営業利益全体の70%を占めていたが、デジタル化の波で年率10%超のスピードで、需要が減少したという。

以前は、専門性に特化した企業は不況に強いといわれてきた。しかし、ことはもうそのように単純ではない。供給が需要を上回る状況が続き、これは1985年のプラザ合意以降の変化で、これからもずっと続いていくと思われる。それにデジタル社会となって、一強しか生き残れない時代になったともいわれている。

需要不足の、限られたパイを奪い合う状況のなかで、企業の存続を考えた場合、ひとつの出口だけに特化するのは、非常に危ない戦略である。

和郷で進めているビジネスでいえば、農業を中心にしながら、出口をいくつか用意しておくということである。農業には「作る」「加工する」「売る」「食べる」「楽しむ」「回す（リサイクル）」といった6つの側面があり、その6つの体制をつねに保ちながら、柔軟に世の中の動きに即応していくことが大事だと思っている。

社員のひとりひとりがその6分野のビジネスに精通することができれば、どんな経済状況が来ても、農業でやっていくことができる。

## 農業には「ケア」の要素もある

### ＊注目される農業の多様性

「これからは農業の時代だ」という声がしきりに聞こえてくる。一体、農業のどこにそんな可能性があるのだろうか。誰もちゃんと説明し切れていないのではないだろうか。

これまで消費者の一番の欲求は車や家電製品の購買に向かっていた。しかし現在、その意識は食・健康・文化へと移りつつある。そしてその受け皿として、農業が果たせることは山ほどある。

私自身、ストレスがたまると、無心に草取りに励むことが一番爽快感を味わえる。リーマンショック以降人々は、金銭的な価値の相対性に気づき、農業の自然性、循環性、永続性などに魅力を感じはじめたのではないかと思う。

農園で汗をかいたあと、悠然と落ちていく夕日を眺める。これほど充実したものがあるだろうか。そう考える人々が増えている。これが「農業の時代」といわれる本当の意味だ。経済浮揚の秘密兵器など、表層の話でしかない。

ザ・ファームを利用するお客さんの根っこには〝ケア〟を求める気持ちがあるのではないかと思う。

「ケア」は意味概念の広いことばで、中心にあるのは「気にかける」ということではないかと思う。メンタリティ（心）を気にかければメンタルケアになり、ヘルス（健康）を気にかければヘルスケアとなり、ビューティ（美）を気にかければビューティケアになる。農業が、「癒されたい」「健康になりたい」「美しくありたい」といった都市生活者の思いに応える新たな役割を担う可能性が出てきたのだ。

企業も価値観の転換を図っているように思える。社員をしゃにむに働かせるだけではなく、個々人の生き抜く力を養い、企業の足腰を強くしていこうと考えている。そのひとつの解として、ザ・ファームでの農作業も考えられる。

仕事の現場で応用の利かない若者の話をよく聞く。

対する農業は、ままならない天候を前提に、その変化に対応するのが仕事である。明確な答えがないときに、的確に選択を繰り返していかざるをえないのが農業である。人間が本来持っている危機対応能力を目覚ませてくれるものが、農業体験にはある。

トヨタの〝カイゼン〟を現場で作り上げたのは、実は季節工の兼業農家だったという話を聞いたことがある。工場のラインに入り、「いや、こうしたほうが、もっと効率がいい」とか「こうしたほうが、もっといいものができる」とその季節工たちがアドバイスをしたというのである。そのことを社員がマニュアル化したのが、世に名高い〝カイゼン〟だというのである。

農業を幅広くとらえることが必要である。素材産業からケア事業まで、なんと可能性に満ちた世界だろう。

## トラブルをイノベーションの機会ととらえる

**＊野菜はイノベーションの余地が大きい**

農業は食材製造業であるが、それで得たお金をどう使うかのほうが実は難しい。それは事業の継続にかかわるからだ。

農家が問われるのは、投資に値するイノベーションが畑で起こせるかどうかだ。投資とイノベーションの両輪が合ってこそ、事業は継続され、経営の自律が担保されることになる。

同じ農業でもコメ、野菜、果樹、畜産などのジャンルがある。なかでもイノベーションが尽くされているのがコメと畜産だ。この2つは国が進んでイノベーションを督励してきた結果、誰でもある程度の生産が可能になった。逆にいえば、どんな作り方をしても、余り差が生まれないということだ。酷ないい方をすれば、過去のイノベーションの成果に依存している状態である。その証拠に、コメと畜産業者のほとんどは補助金がないと成立していない。

和郷園の主力である野菜では、イノベーションのレベルが個々の農家で異なり、その水準を高める余地が大きく残されている。作物別に見ると、トマトとニンジンでは、やっていることが電器屋とペンキ屋ぐらい違う。

イノベーションの余地の大きい世界では、個々に新しい目標を定め、そこに自分の技術と資金を注ぎ込むことができる。成功すれば、さらに上を目指す投資ができる。この循環が事業継続の基盤である。

**＊貸し倒れ対策積立金**

だいぶ前に、こんなことがあった。和郷園の生産部会のひとつであるキュウリ部会が、ある取引先から代金を回収できず、３０００万円ほど焦げついたのだ。

営業から生産、出荷、回収まで、各部会がすべて責任を負っている。組合員から報告を受けたとき、「なんでこんなことになったんだ」と怒りをぶつけることはしなかった。それよりも大事なのは、「そうなることを想定していたか」考え直すことだった。

我々は経営のプロを目指して自主的に集まった団体である。それなのに事前策はおろか事後策もないというのであれば、何をいままでしてきたのか、ということである。

これは部会だけの問題ではない、根深い問題だと判断し、全組合員を集めて、「とっとと解散したほうがいい」といった。

この出来事によって組合員は、日々の生産と同じく取引上のあれこれにもイノベーションが必要であるという強い認識を持った。

問題の当事者は、同じ過ちを絶対に繰り返さないよう、以後、自らの行動を律すると誓約した。ならばと、銀行から3000万円を借りて全額支払った。

対策のひとつとして、出荷金額の2％を一様に徴収し、積み立てることにした。仮に1カ月に1億円の取引があるとして、積立金は月200万円になる。1年で2400万円、10年で2億4000万円になる。与信管理も併せて強化していった結果、貸し倒れ対策の適正金額以上の蓄積ができるまでになった。

積み立てたのは、組合員の農業投資の対価の一部である。それを組合員の農場に還付するか、それとも和郷園メンバー全体にとって、新しい将来価値を生み出す事業に投資していくか。組合員が下した判断は、後者であった。

先に述べたように、つねにイノベーションが続いて起き、そこに投資が入って的確に回っていくことが、事業継続の枢要な条件だ。

貸し倒れ対策積立金は、投資でもあり、イノベーションでもあるということで、この一件は記憶に鮮明である。

## 農家のことを考えた「半上場」という考え方

### ＊1億円ハウスの資金繰り

農場の経営戦略として「半上場」という考え方を紹介したい。ファイナンス（金融）を軸とした事業手法のひとつだ。

農業は「地域産業」の重要なプレイヤーだ。だから、地域の持続性を理念の一番に据え、経営を行うところが多い。

もう一方で、農業は「資本主義」の世界にいる。この世界で生き残れなければ、地域の存続も危うい。本当に理念を実現したいのなら、資本主義の論理、とくにファイナンスの仕組みを理解して、柔軟に対応していく必要がある。

まず、通常の企業ファイナンスと農家ファイナンスの違いを整理しておこう。

企業の強みは、資本調達を直接金融で行うスピード感である。上場すれば、さらにスピードは加速化する。

一方、農業はまだ「資本主義」世界での本当のプレイヤーになりえていない。ほとんどが銀行などの間接金融からの資金に頼っているからだ。

私の見立てでは、両者の成長スピードは単純計算でも大きな違いがある。実際に比較検討してみよう。

たとえば、1億円で温室ハウスを建てるとする。ハウスの規模は、建設費が坪当たり6万円程度と考えると、総額1億円の投資で約１７００坪程度になる。ハウスの減価償却は20年間としよう。間接金融の場合、大方の年間返済額は元金が５００万円、金利を２％固定とすると金利払いが１００万円で、合計６００万円が生じる。

年間生産額は、果菜類の栽培では坪当たり2万円として３４００万円程度である。現状のデフレ化では、３４００万円の粗利から諸経費（栽培費、管理費、人件費）を引いた残りの金額は20％程度の６８０万円になる。このハウスから得られる税引き前の利益は、ここから年間返済額の６００万円を差し引いた80万円ということになる。さらに、税金を差し引くため、実際には50万円前後の年間利益になるだろう。

それに対して、直接金融から資本を調達すれば、元金を返済しなくていい。つまり、前述の元金返済分の500万円が丸ごと発生しないのである。680万円から、税引き後の配当を仮に前述の金利同様に100万円としたとしても、580万円を内部留保に回すことができる。

別の成長機会があれば、その資金を新たに投資に差し向けることができる。それが成長のスピードを担保してくれるのである。

## *間接金融を違う角度から見る

ここで間接金融を違う角度から見てみよう。

前述の1億円のハウス、減価償却期間が20年であれば、少なくともそのあいだはハウスを使い続けられると考える。減価償却期間イコール耐久年数ということである。

もちろん元金の返済と金利の支払いは、建物が建った時点から始まる。毎年の返済に加えて利益を確保するとなると、完済までに20年かかる。今度は減価償却期間イコール融資の返済期間ということになる。

ところが、この状態では、生活はできても、次の投資はできない。いわゆるじり貧である。そこで、何とか15年や10年で返済しようと考える。当然、2倍とか3倍の利益を上げなければ実現できないことなので、農業経営は苦しさを増す。

こう書きながら、農家に上場を勧めているわけではない。我々もその予定は一切ない。農業は他産業に比べたら、リスクが高いわりには利幅がそれほど多くはない。投資家を引きつける事業計画が描きにくい。だから、直接金融にシフトしようと思ってもなかなかうまくいかない。

では、どうすればいいのか。ここで登場するのが、直接金融と間接金融を組み合わせた「半上場」という考え方である。

単純化すれば、農産物の生産組織と、それに新たな価値を付ける事業会社に分ける。この両者は自己資本率を高め、直接金融は入れない。しかし、世の中の変化に対応し、付加価値を高めていくには新たな投資をし続けなければならない。そこで、直接金融を受け入れるのは、事業会社の傘下にある専門企業のみに限定する。

## *2段構えで役割を分担する

和郷グループの「半上場」の取り組みはこうだ。

各組合員農家は、家族経営を主体に一部社員を雇用した年間5千万円くらいの生産事業体である。当社グループの一番の核にあるものである。農場として自律し、持続可能な経営を続けていくことが目的だ。

事業会社としての和郷は、販売、加工、リサイクル事業などを核に組合員が生産した農産物の価値と数量を高める出口戦略を担っている。ここにも直接金融は入っていかない。なぜなら、背景にいる和郷園に対して、出資者から短期的な要求があったり、地域に合わない変化を求められたりするリスクが伴うからだ。それは家族経営と地域経済の根幹を揺るがす可能性を持つ。地域の持続性を不安定にさせるリスクがありながら、それを望んで入れる必要はない。

直接金融が絡んでくる和郷傘下の専門企業には、(株)ＯＴＥＮＴＯ、(株)和《なごみ》、(株)郷《ふるさと》などがある。

ＯＴＥＮＴＯはマーチャンダイジング事業、和はアミューズメントパークの企画・運営事業、郷は温泉事業とレストラン、といった専門的なサービス事業やプロデュース事業を行っている。ここでは、各分野のエキスパートにパートナーとして積極的に資本参加、事業参画してもらっている。内部留保や利益配分、新規投資も、パートナー間で合意して行うことで、成長機会を最大限活用することができるのだ。

傍《はた》から見れば、多角化、規模拡大の経営に邁進しているように見えるかもしれないが、そうではない。資本主義の世界のなかで、家族経営の農場が持続するためには、ここまで用意周到に進めなければならない、というだけだ。

肝心なのは、グループがどういう考え方をして、どういうふうに成長してきたのか、ということである。そのスピリッツ、哲学を実現するために、資金をどう入れるかというのは、とても大事な問題である。

## ＊公益資本主義

最近、〝金融〟資本主義に対して、〝公益〟資本主義をキーワードに新たな動きが注目されている。

本来、企業というのは社会の〝公器〟であって、社会に有意義な貢献ができるものが株式会社を名乗ることができる。会社は株主のものでもあり、社員や地域のものでもある。そこをもう一度、見直そうというのが「公益資本主義」の考え方である。

だから、特別なことを指しているわけではない。公益資本主義推進協議会のホームページには、「ビジネスを通して社会的課題を解決する」とうたわれている。

信用金庫などは、そもそもの成り立ちが、資本主義の猛威からコミュニティを守ることがミッションだったという。

〝公的な〟という意味で分かりやすい例を挙げれば、日本が長年構築してきた下水道インフラを途上国に輸出する、というのがある。

イギリスでは受刑者の社会復帰プログラムに投資銀行や篤志家から資金を募り、うまくいっている例がある。

技術革新をうながす仕組みとしては資本主義は相応しいかもしれないが、こと地域と切り離せない農業となると、公益資本主義の考えを入れたほうが、違和感がない。

食を豊かに保つためには、互いに競い合いながらも、連帯責任を持って、地域を盛り上げていくことが必要ではないかと考える。誰かが勝てばいい、という話ではない。まさに本書にいう「結農」である。

公益資本主義では、地域住民が主役となって、地域の力を高めていくことが求められている。

## 「ヒト」と「モノ」の盲点

### ＊農家のオヤジの活用

統計上で見れば農業者が少なくなっていることは確かだが（若年者は増える傾向にある）、一方で事業家的な農家が生まれている。事業家的な農家が増えてくると雇用が増し、生産性も上がる。結局、単に農業者を増やすことが日本の農業を強くすることではない。「ヒト・モノ・カネ」が揃って初めて、その組織は強いものになる。農家が事業者として育つにも、その３つは欠かせない。

なかで「カネ」については前項で触れているので、ここでは「ヒト」と「モノ」に関して、ちょっとしたアイデアを披露しよう。

まず「ヒト」に関して、外部から有能な人材を引っ張ってくるのもひとつの方法だが、その有能な人材が意欲を持って働くことのできる事業を、農業者自身が興せるかという問題がある。
もし興せたとしても、その人材を使いこなせるのかという問題もある。としたら、まずは自分の得意なところでイノベーションをするのが賢い選択だが、その際に意外なところに隠れた人材がいる。

ＴＰＰ加盟で、農業でも選択と集中が進められていくと思われるが、自分は農業経営者としての能力がない、と諦めるひとも現実に出てくるであろう。

私がよくいうのは、「農家のオヤジは社長でプチ・スーパーマン」ということである。どういうことかというと、個々のオヤジは、一部の歯車ではなくて、農家という全体を動かすことを日々行ってきたということである。

午前中は晴れていたが、午後から雨が降ってきたからこういう段取りにしよう、もし雨が降らなかったらこのままやろう、などと不安定な自然条件のなかで臨機応変に考える思考能力が付いている。農家は小さい組織体だが、実はそういうことをみなやっている。

それに営業活動もすれば、生産技術のスキルアップもやる。もっといえば、最低コストの資材でいいものを作れるように知恵を絞る生産事業部長の仕事もする。金を借りてくる経理・財務部長もやる。

そういうオヤジさんのなかに、「実は生産部長が好きだ」とか「営業部長が向いている」というひとも少なくないはずである。自分の農家の経営を誰かに任せ、自分は合併した生産組織の部長として能力を生かす生き方もある。

少なくとも農家のオヤジがプチ・スーパーマンとして農業経営することは限界に来ている。家族経営の農家で、なかなか担い手が育たない理由は、そこにもあるように思う。いまの若い人たちは、農業は嫌いではないけれど、全身全霊を農業に捧げるオヤジスタイルは継げないのである。

農家の仕事を効率化するためには、家族経営の枠を越えたゆるやかな協業や合併が必要で、その「結農」された組織のなかに農家のオヤジさんの居場所があるということだ。

＊農地利用の変革

「モノ」でいうと、真っ先に農地の問題がある。それについては、政府も強い農業作りの視点から、選択と集中の手段を考えるべきである。国家の食料インフラとして機能していない農地に関しては、現行の優遇税制の見直しも含めて税のあり方を考える。地域の担い手といわれる農業者に、生産性を高められる土地利用の環境を提供する。

具体的には、いま進められている農地バンクは農家の遊休農地の貸出だが、あまり効果が上がっていない（初年度は目標の2割）ので、国が一括購入する仕組みに変えてはどうだろう（もちろん国民が納得する値段でなければならないが）。その農地を、農業者としての技術力や経営力、マネジメント能力、地域農業へのサポート力など、ある一定の条件をクリアした農家に安価で売却したり貸し出したりする。農地の信託制度みたいなものを導入してもいいだろう。

農地法では、所有と耕作の一体化が基本原則である。このことが株式会社や外資の農地購入を防ぎ、一定の役割を果たしてきたのは確かである。農地はやはり日本国民が代々緩やかな継承ができるようなかたちで守っていくべきだと思う。

もし所有と耕作を分離する場合は、所有する条件（ある年数以下の転売を禁ずる、など）に規制をかけるべきだし、所有後の利用条件もいまの時代に合った農産業として、あるいは製造業として生まれ変われるような仕組みを導入するべきである。

## 企業の農業参入を甘く見るな!

### *農家の多様性で対抗せよ

振り返って見れば、企業は一定のサイクルで農業に参入しては撤退することを繰り返してきた歴史がある。そのため我々農家は、企業参入を舐めてかかっている部分があった。農家にはそれぞれ技術の蓄積もあるし、それなりに投資をしてきた実績もある。しかも、大変なわりに極端に儲かるわけでもない。撤退を余儀なくされる企業の姿を横目に、農家は「そら見たことか」と鼻で笑っていた。

ところが、近年、企業による農業参入が再び活発になっている。多くの農家は「また同じことやってるよ」と高みの見物を決め込んでいるのではないだろうか。しかし今回は、これまでとは違う。

リーマンショック以降、企業は内需に目を向けるようになり、国からの補助対策が手厚い農業は格好のビジネスチャンスに映る。とくに最近注目されている「植物工場」に関しては、企業に特化した奨励補助金まで用意されている。

企業はこれまでにはなかった意気込みを持って、農業に取り組んでいる。これから和郷のライバルになるのはＪＡや他産地ではなく、企業になるに違いない。

植物工場に、私は商機を感じている。一般の露地栽培や施設栽培が常識の農家にとって、植物工場のような多大な投資を必要とする案件には手を出しにくい。資金力がものをいう世界である。

和郷が福井県で植物工場を本格稼働させていることは前に触れた。

こうした技術に対して農家は、我関せずの態度をとっている場合ではない。異業種から参入して、植物工場が成功すると、いままでの一大産地が潰れ、農家の存続基盤がなくなる可能性だってある。

我々農家が、これまで通りあらゆる農業分野を独占できる前提などすでにないのだ。

もうひとつ企業参入の脅威は、新しい市場を先行して生み出す可能性があることである。今後、企業は商品開発力の強さを発揮し、野菜の機能性や栄養価をどんどん研究していくだろう。

たとえば二酸化炭素濃度3000ppm（標高3000m程度の息苦しさに匹敵する）でホウレンソウを育てると、成長の早さが倍になり、栄養価も高まる研究結果があるという。このような植物環境を調整すれば、サプリメントのような機能を持つ野菜を作り出せるかもしれない。これを企業にやられたら、農家は太刀打ちできない。

**＊総合力で勝負**

一般に企業が秀でているのは、一品における商品性の追求だ。対して農家の強みは一産地でいろんな農作物を作れる多様性にある。今後、農家が生き残るためには、培ってきた総合力を磨いて勝負するしかない。

ただしいままでのように、安穏とあぐらをかいていると、企業の研究開発が進み、多様性でも先行される恐れもある。一農家単位で、企業との競争に勝ち抜くのは容易ではなくなる。

そこで提唱したいのが、農家の合併、「結農」だ。単に合併するのではなく、たとえば和郷園のように地域の生産者組合がリーダーシップをとり、情報を集約できる本部を作る。そこから生産技術や取引方法、コストの効率向上など、飛躍のきっかけになるような情報やノウハウを提供していくのだ。肝心なのは、合併した農家がそれぞれ将来も強みを発揮できるようになり、農業を継続できることだ。

「生産は農家にしかできない」という誇りを持って戸別農家が農業に励むのもいい。だが、いまのうちから意識的に企業に対抗できる方法論を考え、備えておいて損はない。

我々農業経営者は、絶えず危機感を持ち、時代を先取りし、前へ進まなければならない。

## すべての資源を次世代農業者に集中せよ！

### *TPPは農業改革のチャンス

TPP（太平洋連携協定）がようやく妥結した。あちこちにFTA（自由貿易協定）などの経済連携ができて、日本は一歩遅れた感があった。日本は貿易、通商によって国を成り立たせている以上、何らかの世界的な枠組みに依拠していく必要がある。

日本がWTO（世界貿易機構）に加盟しているのもそういう意味合いからだし、TPP

に加入するのも、そこにデメリット以上のメリットを見出すからである。

ひところ、TPP反対のデモに参加する農家をニュースで観ていて、怖いなと思ったことがある。彼らには国民の大多数が他産業に従事して生活している人たちだということに想像がいかないのではないか。いま都会生活者は農村に暮らす者よりよほどしんどい生活をしている可能性が大きい。彼らが国の保護を受けている農業者を果たしていつまで支持してくれるか、怪しいものである。

TPPを深く理解した上で、個々の経営判断として反対するのはいい。けれども、ただがむしゃらにTPPに反対して、その結果、日本農業の一番大切な部分＝消費者を失ったとしたらどうなるのだろう。私はそれを非常に怖れる。お客さんにそっぽを向かれたら、あらゆる産業は崩壊の憂き目に遭う。これが実は、日本の農業が近い将来直面する問題の根幹であると考えている。

**＊コメ産業を生まれ変わらせる**

TPPの経済的なメリット・デメリットをどう見るかだが、TPPは、アメリカだけが得するだとか、日本農業は壊滅するなどという話ではない。

今度の合意内容を見ると、コメなど輸入の特別枠を増やして従来型のスタイルを守るなど、善戦（？）したものもある。砂糖も糖価調整制度が残った。

日本の輸入品目９０１８のうち95・１％の関税が取り払われたというが、大きく影響が出るのは限られていて、牛肉、豚肉、乳製品の産地が危機感を抱いている、と報道されている。

しかし、小売り大手のなかには、関税より相場の動向のほうが影響が大きいとして、今回の合意に重きを置かないところもある。

このなかで、コメに焦点を当てると、コメでは規模拡大と作業オペレーションの受託化など、合理化できる余地が大きい。コスト削減を進めながら、一方では日本はイネゲノムを１００％解明している唯一の国なわけで、10ａあたり約５００kgの収量をいまの１・５倍、２倍にする品種の開発が可能なはずである。仮に同じ品質で収量を２倍に上げられれば単純にいまのコストは半分に下がることになる。中国産米よりコストが下がるので、世界に輸出できる可能性が出てくる。

この短期間で米粉を製粉する技術は、恐らく世界最高レベルに達している。その技術を使って新商品が次々生み出されている。あるいは、美味しいコメは作れないけれど収量を上げられる技術を追求する飼料米という選択肢も考えられる。

ＴＰＰ対応の一環として農業改革を迫られることは必至である。対応策を練り上げる過程で、次世代の強い農業者を育成するチャンスも生まれてくる、と私は思っている。その作業がある意味、日本の農業改革の最大の転機になるのではないだろうか。

時代遅れになっていたり、賞味期限切れの政策や仕組みは変えていかざるをえない。やるべきことは、地域の農地や食産業などの資源を活用できるように、次世代の農業者に「ヒト・モノ・カネ・情報」の支援を集中させることである。

そして農業者同士、農業界と他産業が協調して、つまり「結農」して、地域に雇用と産業を生み出すようにする。それが農業をベースに強い国づくりを目指すことにもつながる。日本はそれができると信じている。

省水、省エネ、省資源で農産物を生み出す力に秀でた農家に加えて、それをマネジメントするひと、サービスするひと、金融マンが協調してオールジャパンで海外に打って出る。

ＴＰＰ参加もその一環として考えるのである。

## TOKYO農業祭——日本の食と農のシステムを売り込む

### ＊農業祭のイメージ

農と食が深く結びつき、それが日本の産業を支える大事なシステムのひとつであると、一般の方に分かってもらうために、私が提案したいのが「ＴＯＫＹＯ農業祭」だ。東京のど真ん中に大農園を作り出してしまうのだ。

候補地としては東京・晴海の展示場を考えている。敷地を拡張して、半年くらい丸ごと借り切る。開催時期は10月10日から12月10日の2カ月間。日本の食、農を世界に示す壮大なショーケースを創る構想だ。

開催の半年以上前に、全国各地から土壌を運び込み、畑を作る。播種《はしゅ》して栽培を開始する。果樹でも、リンゴの木を土付き状態で運搬し、会場に植え直す。開催日が近づいてきたら、家畜を連れてくる。農耕牧畜を始め、農場、牧場そのものを東京に再現するのだ。

「日本農業のすべてが分かる」イベントにし、世界中の関係者を一同に集結させる。

会場に設置するのは農園だけではない。食・農業関係の事業者にも出展をしてもらう。農機、食品加工、流通機器メーカーなどだ。

飲食店やレストランなどにも参加してもらう。日本が世界に誇れるスイーツも重要だ。たとえば、搾りたての牛乳と穫れたてのイチゴを使い、スイーツを作ってもらう。海外のビジネスパーソンが、そのおいしさに目をつけ、コーヒーチェーンのように、「イチゴ・カフェ」チェーンとか「イチゴ・スイーツ」チェーンのようなチェーン店の海外展開を提案してくるかもしれない。

みんながスターバックスを利用するように、ちょっとした空き時間に「ジャパン・イチゴ・カフェ」に入って、３００円とか４００円で美味しいイチゴのデザートなどを食べる。そういう店舗が世界に広がっていき、農産物の出口ができれば、農家は安定的にイチゴや牛乳や小麦を作っていける。

パリにマルシェ（市場のことで、あちこちにある）があって、市民の台所となっている。あれは売り買いの場所だが、２月にパリのコンベンションホールで行われる一大イベントでは、実際に農場を作って、牛を放して搾乳するところを見せるようなことをやっている。

私のＴＯＫＹＯ農業祭は、それにインスパイアされたものである。

*県産ブランドの世界進出

ＴＯＫＹＯ農業祭を舞台に、日本人が仕掛ける海外チェーン展開も当然ありえる。たとえば「とちおとめ」を核に、那須産のミルクと、栃木県産の小麦を使ったケーキ生地の「オール栃木」で、世界進出するプランはどうか。そのパイロット店を農業祭に作るのだ。

この事業パッケージを栃木県庁が主導すればいい。栃木県の農家と関連事業者の全体が利益を得るようなかたちのビジネスモデルを組む。品種開発や技術支援をしてきた栃木県の公益にも寄与するだろう。県の税収も増える。県民も出資、支援し、配当を受け取るようにしてもいい。

このような公益的モデルを開発していけば、農食が一体となって、世界に進出していけるだろう。農業者、農機メーカーばかりか、加工技術、流通技術などを持った企業も加わり、生産・販売管理を支援するＩＴ企業にも影響が及ぶだろうし、金融機関も、もっと積極的な海外展開を検討する好機となる。集客が増え規模が拡大すれば、一大国家プロジェクトとして進める。

我々は長年培ってきた日本農業のクオリティの高さや、日本食のおいしさをはっきりと自覚する必要がある。農業は鎖国した「保護産業」ではなく、世界に出ていく新たな「成長産業」に生まれ変わる。

**＊経済成長につなげる**

ＴＯＫＹＯ農業祭による実需期待も大きい。農業祭には多くの都民が来場して消費する。地方や世界からもひとが集まって消費する。お持ち帰りや贈答、長期契約の需要も生まれる。ホテルや運輸、観光産業などにも経済効果は波及する。

この時期の消費を増やせれば、その先のクリスマス、お正月と、大きな消費イベントがつながっていく。四半期の内需拡大にもつながるばかりか、やがて年を通しての需要へと拡大していくはずだ。

農業を核とした、ひとの予想の域を超える一大イベントを実施することが、農業そのもののイメージを変えていく。外需、内需双方に活性化のエンジンとなり、経済成長率にも寄与すると確信する。

先ごろ、イタリア・ミラノで開かれた国際博覧会は日本の食文化の紹介がテーマだったが、大変な評判を呼び、あの行列を嫌うイタリア人が殺到して、一番の人気館になったという。

ＩＴを駆使した先進の展示と、実際のレストランでのおもてなしの料理が人気を呼んだらしいが、できればそういう成功の知恵も入れながら、東京農業祭を華々しく開催したいものだ。

第5章

# 和郷マインドは〝結農〟にあり

——我が組織論、経営論

## フランチャイズ方式を考えている

### *和郷園の支店

「結農」を分解すると、農と農が結ぶ側面と、農と異業種が結ぶ側面がある。この章は「農と農」、なかでも「ひとと組織」に重点を置いて語っていこうと思う。

なかに「和」や「公平」を組織の構成の基盤として触れているが、それは「結農」する場合の欠かせない要素である。

いま和郷園のメンバーは92軒で、これからはそれほど増えていかないのではないかと思っている。団結力の強さは誇っていいと思うが、それだけに外部のひとには近づきにくいイメージがあるかもしれない。

新規の農家を受け入れるかどうかの判断は、品目部会の担当である。加入がオーケーとなれば、たとえばトマトは誰々のトマトではなく、和郷園のトマトとして売っていくことになるので、当然、審査の目は厳しくなる。

技術的に劣っていたり、納入義務を怠るような農家を入れれば、あとあと全体の問題になってくる。和郷園のクオリティの問題が絡んでいる。

拡大を第一に考えれば仲間を増やすことはひとつの選択肢だが、我々はそもそも大きくなろうとしてやってきたわけではない。目の前の課題に真剣に取り組んでいたら、いつの間にかこうなったというのが実情に近い。

もちろん、そのプロセスでお互いが切磋琢磨して、本当の経営者になろうとしてきたことが大きかったと思う。

よくいうのは、規模の大きさだけを求めたら、創業時から中心になって頑張ってきたひとたちの夢や価値観を薄めてしまうことになるのではないかということである。

そうはしないで、だけどもっと成長していくには、志ある農家が新たに5軒、10軒と集まったなら、和郷園の支店にしたらどうかということである。我々自身、同世代の若い農家が集って、互いに成長してきたわけで、若い世代は若い世代で気の合う仲間で意欲的なビジネスを展開すればいいのではないかという考えである。

その前段階で、和郷園でビジネスを学びたいというのは、大いに結構、いつでも受け入れますといっている。

でも、和郷園の人間ほど働く人間はほかにいないのではないかと思う。それをマネできるかとなると、難しい感じがする。やはりそれぞれが経営者として、目的の数字を達成するために必死に働いている。

和郷園は儲かる農業をしている、という人がいるが、それは勘違いも甚だしい。ほかの農家の何倍も働いているわけで、それが継続的にできますか、と逆に質問したいくらいである。

出荷の時期になると、それこそ休んでいる暇もなくなる。なにも和郷園だけが特殊な流通の仕組みを作っているとか、魔法のような工場を持っているわけではない。それぞれの農家がただ経営者として当たり前のことをしているにすぎない。

一国一城の主となれば、たとえ1店舗でも、ラーメン屋のオヤジは寝ずに働くわけである。まして2店舗、3店舗と目標が明確になれば、それを達成するために死にものぐるいで働くわけである。和郷園の仲間がやっているのは、いわばそういうことである。

## パートナーシップとリーダーシップの兼ね合い

### *お互いに利益が出る仕組み

２００５年に組織改革を行った。(有)和郷を(株)和郷にし、農事組合法人和郷園が担ってきた流通業務は株式会社に移管した。農事組合法人は純粋な出荷組合となった。

流通業務を移管したのは、農事組合法人という形態に限界があるためだ。

農家が出荷した農産物を流通させているのは、農家ではなくスタッフだ。彼らは利益を出すため、１円でも安い資材を使い、トラック便の効率化を考えている。

ところが、知恵を絞って利益が増えてもスタッフには還元されにくい。農事組合法人の形態は、いくら利益が出ても、それはオーナーである農家に還元されるというのが原則にあるためだ。これではスタッフは働き甲斐がない。お互いの利益になるような仕組みでなければ事業そのものも発展しない。

農家は和郷園に出すか、ほかに出すか、どちらが高いかを判断して、出荷した時点で利益を得ている。それから先の利益はスタッフの利益という線引きをすることにした。そして、創業当初から一生懸命やってきた農家には、（株）和郷の株主になってもらうことを考えている。

ここまでの組織ができたのはなぜかといわれれば、人に恵まれたからだと思う。やる気のあるスタッフ、農家がそれぞれ最大限の力を発揮してくれた。

私の頭にはつねに、〝パートナーシップ〟と〝リーダーシップ〟の兼ね合いがある。ひとりですべてできればひとに頼まないが、自分には不得意な分野がある。その分野の仕事をやってもらうためにパートナーシップを組んだ。

でも、自分とパートナーだけではやれない部分も出てくる。すると「どんなひとが必要か」「これができるひとがいると助かるね」と話し合って、新しいパートナーを見つける。そのひとには「なぜ自分が求められているのか」を明確に伝える。

私にとって経営とは、時代に逆らったことはしないこと、そして我々の目的と行動に共感してくれるひとが、夢や希望を実現していく手助けをしていくことだと思っている。

## 若者が意欲的になる仕組み

### *自分は底辺である、という思い

土壌関係の学会の講演に呼ばれたことがある。話が終わって、「我が団体には若いひとが入ってくれないで困っている。どうすれば組織が活性化するのか？」と聞かれた。私の話を聞いて、和郷には若いひとがたくさんいて、組織がうまく機能している印象を受けたのだろう。

ふだん考えたこともなかったが、もし外部の方がそう感じてくださったのであれば、それはどうしてなのだろうか、と考え、次のように述べた。

我々が組織作りで大事にしているのは、「和」の効果ということである。

大層なことをいってしまえば、人は必ず死ぬ。つまり仏教でいう「苦」の世界を生きている。そこで必要なのが和の世界だ。和があれば、苦の世界から少しでも遠ざかることができる。もちろん家庭生活や趣味で和を作るのもいい。我々は人生の大きな時間を占める〝働く〟という世界において和を作っていきたいと思っている。そして、「和」は「結農」の根底にあるもの、ということができる。それを具現化したのが「和郷」というわけだ。

とはいえ、ただ漠然と仲良くしていれば和が生まれるわけでもない。組織のなかで和を作る一番の方法は、社長だろうが新入社員だろうが、〝自分が底辺〟と考えることである。「俺はひとより上で、偉い」と考える人間は、他人から「このヤロー、生意気だ。潰してやる」と思われる。結果、そのひとの本来持っている力が発揮できなくなる。

しかし自分が一番下という自覚があれば、周囲からかわいがられて、こいつは伸ばしてやろうと思われる。先輩も若い人間が頼ってくれれば、責任感が生まれてちゃんと扱うものだ。そういう環境から和が生まれて、お互いが成長していくことができる。経営管理など難しい話をする前に、こうした人間的なシンプルな心理＝真理に私は重きを置いている。

うちの会社では、ひとの採用に関して、高学歴で、器用そうに見えて、人当たりのいい人間は、本当に我が社に貢献できるのか見極めろ、といっている。そうでない場合は、採用を見送れ、ともいっている。

一方、中卒で身なりがきちんとして、挨拶などの礼儀がまじめで、かつ真剣にできるやつは、即採用しろ、といっている。

大学まで成績のよかった人間は、成功体験を味わっているので、俺はあいつよりできた、とすでに過去を振り返るようになっている。大きく見れば、社会に生かされていただけなのに、自分の実力だと勘違いしている。そういう人間は、社会に出てうまくいかないと、人のせいにしがちである。俺の能力は高いのに、会社が生かしていない、などと考えがちである。

本当は、社会に出てうまくいくのは、タイミングや、人との巡り合わせや、そのひとの運かもしれない、あるいは人知れず努力した結果かもしれない。成績の優秀なひとは、感謝をすることを知らないから、伸びしろが少ない、という気がする。

反対に、なぜまじめな中卒を即採用するかといえば、自分は何もできません、だから何でも吸収します、という謙虚な姿勢があるからで、採用後に伸びるスピードが違う。伸びしろを期待するのである。

## *「和」を求めて働く

個人的に抱く組織の理想的イメージは、３世代にわたる職人の世界だ。じいちゃんは達観してものを見ていて、父親は口うるさいけど、倅がかわいいから何とか一人前にしたいと思っている。倅を新入社員とするなら、父親が直属の上司で、じいちゃんは本部機能といったところである。

本部機能というのは、トップでもなければ、社長でもない。いわば私はそういう存在で、実質的な判断は、各事業部の課長や部長が、これからどう成長していきたいのか青写真を描き、お金の使い方を含め事業プランを決め、それを総務部長が判断している。

和郷の場合、たとえ新入社員であっても、やりたいことがあればチャレンジすることができる。分からないこと、アドバイスが欲しければ、上司が教えてくれる。

社員の士気を上げるために大事なのは、仕事の当事者にすることだ。時間でしか自分の働きを測れない人間は、「これだけ働いたから、これだけ報酬をくれ」という要求をしがちである。それでは組織は伸びていかない。

そうではなくて、「この仕事にかかわりたい」という意欲のある人間が多数、元気な組織には必要なのである。仕事に魅力を感じることができれば、自ら努力して育とうとする。そのエネルギーが、その組織の方向を決めるのである。

こういうと「それはおまえの会社だけで通用する理屈じゃないか?」というひともいる

かもしれない。確かに会社は100社あれば100通りのやり方がある。しかし、では伸びる会社には100通りのやり方があるのだろうか。

せっかく働くのである。みんなが意欲を持って、そして「和」を求めていくに越したことはない。これは、ある程度、どこの会社でも認めてくれる考え方ではないだろうか。

ひとりで一所懸命やって「苦」の世界しか味わえないとしたら、何のために働いているのか分からない。そこからは、「和」の組織は生まれない。

## 経営とは公平であること

### *大事な平等、対等の意識

つねにリスクに備えていれば経営は成功するというが、それはウソである。リスクを考えるのは、「失敗したらどうしよう」と不安があるからである。なぜ不安になるかというと、「自分はできる」というエゴを持ちながら、それだけでは安心できないからだ。

こういう企業は自分の成功（裏返せば失敗）しか考えていないので、「結農」することができない。結果、成長しないし、成功もしない。

私利私欲を離れて、組織が公平でいるためには、社会的に意義のある目標を設定するに限る。できうるなら、組織の目的が世の中の目的と一致することが望ましい。

松下電器の松下幸之助は、電化製品で世界の人を幸せにしようと考えたわけだが、いわばそういったことである。健康な生活を送れる社会にしようとか、家族を大事にする社会にしようとか、ゆとりのある社会にしようとか、夢を描くことで、組織は公平な環境を維持することができるようになる。

我々は、生産者組合の和郷園と、事業組織の和郷で構成されている。いままでこの双方の対立はないし、平等対等の関係だといい続けてきた。生産者が苦しくなったら流通も苦しいし、生産者が頑張っているなら社員も頑張らないといけない。

こうした考えを持つようになったのは、ある生産者から聞いた話がきっかけだ。

「農協へ出荷に行ったら職員が何も手伝ってくれなかった。あいつらひまなのに給料はいい」

生産と流通のあいだにこんなやっかみや壁が生まれたらだめだと強く思った。これを反面教師にしたといっていい。

事業とはよくしたもので、うまくいくときは、すべてうまくいく。肝心なのは、たとえば生産側が苦しいときに流通側も痛みを共有することである。そこでお互いが喜怒哀楽を共有すると、平等、対等の意識が生まれ、組織がまとまっていく。

また公平を徹底させるため、会社では「喧嘩両成敗」のルールを設けている。勝者、敗者ができると、信頼の基盤が築けない。組織の力とは、信頼関係の力なのだから、公平さがつねにある環境を作る必要がある。

和郷は生産、流通、加工、リサイクル事業、販売、サービスと業容を広げてきたが、つねに意識してきたのは、それらのあいだの公平ということである。

## 生販分離の利点を追求する

### *農産物を育てられない農家の出現

農業で人生観を変える近道は、作った農産物を自分自身で売るという経験である。私はそれを20代で味わったが、その日から発想は飛躍的に広がった。

いまでは農家が販売することは当たり前の時代になった。そんななか、新たな課題が出てきている。

とくにオヤジの世代が、苦労して生産から販売までの一貫体系を作ってきた家族経営の農家に問題が発生している。倅が、作るほうより売るほうに専念しているケースが多いのだ。こうした若い世代が生産現場を余り経験しないまま、マーケティングに特化した人材として、いずれ後継し、経営者となる。

つまり、農産物の生産がおろそかになる。そうなると、当然、同業との品質競争に勝てなくなる。いくら販売に優れていても、作るものが優れていなければ商売はお手上げである。

それでは農家出身とはいっても、農業に新規参入する企業と同列になる。非農家系の農業がうまくいかないのは、農業現場での経験が足りないことが原因であることが多い。

## *家族経営と企業経営の並立

生産を一定期間、集中してやり抜くと、その過程でいろいろな知恵の絶対量が自分のなかに蓄積されてくる。それらは、天候を相手に戦ってきた現場経験に裏づけされた確実な知恵だ。私自身、自分で下す経営上の判断で、農業現場で培った原則や身体性が生きていると感じることが多々ある。

そこで工夫したのが、家族経営（和郷園）と企業経営（株式会社和郷）の並立である。この分離があるゆえに、農家は家族経営で子どもを後継者に育てていくことができる。農家としての技術をしっかり身につけ、一方で経営のあり方も傍らで見届けることができる。分離したことによって、双方の利点を生かすことができるのである。

流通、サービス分野で、たとえば10億円売り上げても、せいぜい残るのは2000万円である。それが作るだけだと、売上1億円で2000万円が残る。これであれば、豊かに農業を続けることができる。餅屋は餅屋、という諺を忘れたくない。

実際のところ、これからは生産に専念する農家が、お互いの強みを生かして協同（結農）するという動きが増えていくように思える。

## ＊農場をつなげる人材の育成

一方、企業経営の後継者は必ずしも農業の遺伝子を継承している必要はないだろう。むしろ、サービス業や流通業の遺伝子を持つ、優れたアイデアを出せる人間が適任であろう。たとえば、流通業界などからヘッドハンティングしてくると、農業界で育った私から見ると50％しかでき上がっていない。そこで、その人間に農業を学ばせるのだ。残りの50％を育てるのは農の環境しかない。流通のＤＮＡに、農業のそれを接ぎ木するのだ。

今後は、「企画力」や「まとめる力」を併せ持った人間も必要になってくる。企画力というのは広範な概念で、新種の栽培法を思いつくことから、新しい業態のビジネスを考えつくことまで含んでいる。そういうゼロから発想できる人間が農業にも必要になってくる。「まとめる力」というのは、これから複数が協同して農業を進める機会がますます増えることを考えれば、自立した農業経営者同士をヨコにつなげる力が必要になってくるだろうという意味である。

ここで和郷の仕組みが生きてくる。組合員農家の子弟や、和郷のスタッフのなかから、農場管理から営業、総務など、あらゆるかたちで行動できる人材を育てていく。和郷の中期的戦略として、こうした次の世代を担う人材への投資に、これからも積極的に力を入れていこうと思っている。

## 企業文化は「段取り力」から生まれる

### ＊段取りで働きやすい環境を作る

別項で「会社のルール」として喧嘩両成敗を挙げたが、もうひとつのルールとして「整理整頓」というのがある。なぜ整理整頓を重要視するのか。

整理整頓には、昨日より今日を、今日より明日をきれいにする、というシンプルで美しい目的がある。しかも一定の時間内で行うという締切が付いている。その成果は誰の目にもはっきりと見える。

整理整頓がきちんとできるようになるには、段取りの力が必要である。なすべき工程が分かっていることは当然として、それに合わせて、その都度必要になる用具類を準備しておかなくてはならない。美しい整理整頓は、流れるような仕事の連続として生まれてくる。たとえば和郷では、前年に立てた翌年度の事業予算は95%の精度で遂行されている。しかも計画を立てているのは、役員でもなければ部長でもない。現場の課長だ。

なぜ生鮮野菜などの不確定要素の多い事業で、これだけの数字を達成できるのか。課長が日々の整理整頓（これは実際に机の上をきれいにするということから、日々のデータをきちんと打ち込んでいるとか、その日にやるべきことをその日ですませているとか、さまざまな意味を込めている）から、精度の高い段取り力を養ったからにほかならない。業績が低ければ叱られるのは当然だが、計画より売上・利益が高すぎても叱る。精度が低いということは、段取りが悪く、整理整頓ができていないのと同義だからである。

課長が整理整頓という身近な実践を通して事業計画を達成するのを間近に見て、新人も「自分にもできるかもしれない」と自信を持つメリットもある。

段取り力は現場だけに要求されるものではなく、経営者にも当然、求められるもので、現場以上にそれを発揮する責任がある。

釣りを例に新事業の段取りを考えてみよう。

ひたすらポジティブな経営者はいきなり成功図を思い描く。漁場に出かける前から、「10匹も釣れば家族は喜ぶだろう。料理は何がいいかな？」と夢想する。さらに友達を誘って、「俺のほうが大きいのを釣る」「いや、おまえには負けられない」などとボルテージを上げることだろう。

しかし、いざ現場で釣り糸を垂れてみると、まったくの坊主ということはよくあることだ。釣果を上げるには、自分の都合だけでなく、魚のことも考えなくてはならない。いつどこに集まって、どういうときであれば食いつきがいいのか、そういう相手の事情も知らずに竿を振っても結果は知れている。

自分の場合で考えてみると、釣りに行こうと思った時点で、誰にも話さずひとりでポイントに向かう。そしてどんな魚がどの時間帯にいるのか、どういうエサを好むのか、魚体からいってどの太さの糸がいいのか、どの深さに多く生息しているのかなど、徹底的にリサーチする。目的は「必ず釣れること」なのだから、そこまで持っていく方法を探り、納得した上で仲間を誘う。

自分ひとりで釣っても量は知れている。しかし、自分の段取りによって仲間が釣ってくれれば、喜んでくれるし成果も上がる。結果的に「なんだか分からないけど、おまえと行くと釣れるんだよな」というストーリーになる。これがいい事業戦略である。

こうした仕事がうまくいく環境を社員にも提供するし、事業パートナーにも提供する。それが経営者の役目だと思っている。

社員や提携先に、「この会社には理解できない何かがある。でも頑張ればもっとよくなる」という思いが共有されることが大事なのだ。この期待と信頼と安心感こそが企業の懐の深さ、いうなれば企業文化ではないか。

単純な利益追求型の会社には、平社員から社長まで考えていることが一緒で、「もっと頑張ればもっとどうにかなる」という根性論しかない。経営者はそれでいいかもしれないが、これでは社員が息切れしてしまい、事業はうまくいかない。

経営者本来の仕事は、関係する全員の前向きな努力を受け止める舞台装置を作ること、それも未来を見越して準備することである。そういう意味で、段取り力は小手先の戦術ではなく、経営者の志の高さと比例する。

# 若者の成長をうながす政策を

## *再生産価格を得る契機

別項で企業の農業参入について触れたが、企業の農業参入は危機ばかりではなく、農家にとって「大いに結構」な側面もある。企業が農業に参入すれば、必ず生産コストは上がる。

農産物のいまのコストは、普通の企業ではありえない労働環境、待遇のなかで実現されている。そのコストを企業が製品の原価と販売管理費として置き換えると、ほとんど全部採算割れになるといっていい。

企業参入が一定のシェアを占めるようになったとき、コストに対して適正な価格を得ようという動きが大きくなることが予想される。農家からしてみれば、これまでずっと訴えてきた再生産価格を得ていく契機になる。企業も含めた農業界一丸となって、マーケットへの働きかけができるからだ。

一方、農家に対し、「企業と比べて非効率な経営をしながら補助金を貰いすぎだ」との声も聞こえてくる。問題の本質は「補助金は誰に行っているのか」だ。実際のところは、「農業を介して消費者に行っている」のである。

補助金が入ることにより、インフラ産業である農業の初期投資を大きく抑えられる。その結果、補助金なしと比べ、価格を抑えて出荷できる。そして、現在のデフレ市場環境のもと、補助金は低価格競争に拍車をかける要因となっている。しかし、物価が安くなることで、消費者は恩恵を得ている。他産業が払った税金が補助金となって、農業を介して国民に還元されている。

一部を除けば、農家が非効率との批判は当たらないだろう。これまで培ったノウハウやいろいろな情報を集約したなかで、自分たちの生産技術を磨き、流通戦略を組んでいる。農家が怠慢であったり、遅れているという批判は一方的なもので、むしろ工程管理やＩＴなど他産業の知恵を貪欲に取り入れている。

しかし、企業参入したからといって、すぐに大きな利益になるような市場環境も存在していないというのが現実だ。それは、実際に参入した企業の９割が赤字だとの統計からも明らかだ。

しかし、農家への給付がばらまきだと社会にジャッジされかねない背景は十分ある。真っ当な経営者であれば、補助金や補償を貰った以上、その目的を認識し、経営に有効に活用するための投資に回すだろう。そして、地域産業として地元の発展にも結び付けようと努力するだろう。しかし、補助金を貰うひとに経営力がなく、志が低いとき、単に散財して終わりになる例が少なからずある。

## *やる気を引き出す政策を

最も扱いが難しいのは、「一所懸命農業をやっているから、生活を守ってほしい」といった主張だ。単に一所懸命やっているひとを救おうということであれば、これは他産業から見れば明らかに不公平だ。どの業界でも、一所懸命やって潰れる例など日常茶飯事だ。たとえばある社長は技術はあるけれど、ひと付き合いができない。そのため情報が入らなくて、よい仕事が取れない。努力して働いていても、結果的に、退場せざるをえない。

全国各地を回ってみると、資本もないなか、新たな提携先を探したり、販売方法を模索している若い農業者たちが大勢いることに気づく。彼らは自分たちがコストをかけて作ったものを、ちゃんとそのコストを担保した上で売っていくしかないと学んでいる最中だ。

若手の主流は〝和郷方式〟に向かっている。いわゆる市場流通ではなく、産直取引や契約生産のように、いろいろなマーケットから情報を得て、知恵を絞り、創意工夫により自律していく道だ。しかし、農家への補償が、何もやらなかったひとの収入を、努力したひとに近づけるようにしてばら撒かれるとしたら、何の競争かということになる。

農業界はいま、知恵を絞って適正に努力をする人がまっすぐ前に進める業界になりつつある。志ある20代、30代前半の台頭が、この潮流を引っ張っている。

彼らの成長を促進するような政策こそが望まれる。

## 農家の世代交代をスムーズにする方法

### *後継者を作らない理由

農家の高齢化、後継者不足といわれはじめて久しい。後継者がいるといっても60代というのでは、情けない話である。80代の現役経営者の父親から小遣いを貰ってやりくりしている、という笑えない話も聞く。

自分の倅が30代、40代になっても、後継を譲らないのには、それなりに理由がある。「まだまだ倅には任せられない」と、オヤジ＝家長としてのいい分もあるかもしれないが、突き詰めればもっと単純な話で、お金の問題に行き着く。

農家は経営環境の厳しさから、貯えを持てない。そんななか、倅に譲ってしまったらどうなるか。オヤジにお金が回らなくなることは、目に見えている。現役の取り分が増えれば、オヤジはいまより待遇が悪くなる現実を直視しなければならない。それに、倅が経営環境を劇的に好転させてくれる保証はどこにもない。

人間は弱い。もう少しやっていたい、もう少し余裕が出るまでといって、ズルズル経営委譲ができず終いになる。これまでと同じやり方で、ましてやいまの景気で突然余裕が生まれるわけがない。後継者がいない（作らない）理由はここにある。

**＊退職金に1500万円**

たとえ月に5万円余裕がある農家であったとしても、状況は変わらない。5万円を1、

2年も貯めたら、小さいトラクターか管理機を買って終わりである。目の前にある金をあるだけ使ってしまう、親の世代から続いてきた農家経営のあり方だ。農業は現金決済がつねであり、手元にある金のなかで収支を何とか合わせてきた。経営管理にはほど遠く、要するに、長期戦略を組んでいない。

長年染みついた慣習は、簡単には変わらない。ならば、経営管理の教育を含めた新たな農家のルール作りを行えばいい。

そこで和郷園では、組合として個々のメンバーから月平均5万円を預かることにしている。若いメンバーだと、最低25年は積むことができる。年間60万円、25年で1500万円になる。60歳になった瞬間に1500万円ぽんと退職金として渡すことができれば、「あとの経営は倅に譲る」という話が現実化する。20代、30代の手取りが少ないあいだは3、4万円でもいい。真っ当に努力して経営が伸びてくれれば、すぐに7、8万円は積み立てられる。

とはいえ、和郷園のメンバーは最年長でも40代、まだ誰も退職金を貰ったことがない。将来に備えて、未収金対策や新規事業への投資に向けた積立金に加えて、こうした自分の退職金用の積立制度を組合規則として、きちんとルール化、明文化している。

結局のところ、自分の将来に備えのない人間には誰もついてこない。パートさんをひとりでも雇用したら、そのひとの家庭や人生を、できるかぎり背負う責任が出てくる。そのためには姿勢を正し、それだけの器を自分自身で用意する必要性を自覚する——これが経営管理のスタートラインだと考えている。

**木内博一**（きうち・ひろかず）
**農事組合法人「和郷園」代表理事、株式会社「和郷」代表取締役**

1967年、千葉県生まれ。89年、農林水産省農業者大学卒業後、家業を継ぎ就農。96年、有限会社「和郷」設立。98年、農事組合法人「和郷園」設立。2005年、有限会社「和郷」を株式会社「和郷」に組織変更。産地直送、カットゴボウなどで注目を浴びる。その後、冷凍野菜、カット野菜、リサイクル事業、海外事業、農園リゾート「THE FARM」、ミニスーパーOTENTO、マンションカフェ「THE FARM CAFE」、植物工場など、農業を中核とした多角的な経営手法を進め、年商70億円（グループ連結）の企業体を作り上げた。

---

## 「結農《ゆいのう》」論《ろん》

小さな農家が集まって70億の企業ができた

---

2016年3月30日　第1版第1刷　発行

| | |
|---|---|
| 著者 | 木内博一 |
| 発行所 | 株式会社亜紀書房<br>郵便番号101-0051<br>東京都千代田区神田神保町1-32<br>電話……(03)5280-0261<br>http://www.akishobo.com<br>振替　00100-9-144037 |
| 印刷 | 株式会社トライ<br>http://www.try-sky.com |
| 装丁 | 芦沢泰偉 |


ISBN978-4-7505-1465-9 C0034